水面船只信号检测与特征提取研究

韩 雪 著

东北大学出版社

·沈 阳·

图书在版编目（CIP）数据

水面船只信号检测与特征提取研究／韩雪著.
沈阳：东北大学出版社，2024. 10. -- ISBN 978-7
-5517-3675-6

Ⅰ. TB566

中国国家版本馆 CIP 数据核字第 2024DY8679 号

———————————————————————————————

出 版 者：东北大学出版社
　　　　　地址：沈阳市和平区文化路三号巷 11 号
　　　　　邮编：110819
　　　　　电话：024-83683655（总编室）
　　　　　　　　024-83687331（营销部）
　　　　　网址：http://press.neu.edu.cn
印 刷 者：辽宁一诺广告印务有限公司
发 行 者：东北大学出版社
幅面尺寸：170 mm×240 mm
印 　 张：11. 5
字 　 数：206 千字
出版时间：2024 年 10 月第 1 版
印刷时间：2024 年 10 月第 1 次印刷
策划编辑：杨世剑
责任编辑：周 　 朦
责任校对：王 　 旭
封面设计：潘正一
责任出版：初 　 茗

———————————————————————————————

ISBN 978-7-5517-3675-6　　　　　　　　定 　 价：65.00 元

前　言

2019 年 4 月 23 日，习近平总书记在青岛集体会见应邀出席中国人民解放军海军成立 70 周年多国海军活动的外方代表团团长时，提出了海洋命运共同体理念。海洋命运共同体理念的提出，既顺应了"21 世纪是海洋世纪"的发展方向，也有助于化解当前全球海洋治理的困境。与传统的陆上运输相比，水上运输具有成本低、载量大、经济环保等优势。伴随着我国经济和运输业的不断发展，船舶的总拥有量、运行速度、载重量等方面都有显著的提升，但事故发生率也相应增加。因此，完善水上交通系统，提高对水面船只的探测能力，是航运发展的必然趋势和要求。

船只在水中运行时会辐射出噪声，当该噪声传到浅海，其频率低于简正波截止频率时，舰船辐射噪声会严重衰减，通过海底以舰船地震波的形式传播。舰船地震波作为一种新型的物理场，在水面船只探测方面具有重要的研究价值。在国内，舰船地震波的特性和应用研究尚处在初级阶段，而水面船只信号的检测和特征提取是实现水面船只监控的关键。本书对舰船地震波的极化特性和调制特性进行了分析，将其应用到水面船只检测和听觉特征提取中，旨在为水面船只远距离探测提供新的思路和技术支持。

本书的主要研究内容如下。

第 1 章，绪论。阐述本书的研究背景和意义，以及目前对舰船地震波特性和应用的研究情况，指出水声目标检测和听觉特征提取方法尚待解决的问题。概述矢量信号极化分析方法研究情况。

第 2 章，舰船地震波基础理论。阐述本书中所用到的基础理论，包括舰船地震波线谱和连续谱的时域和频域特性、极化特性，以及极化分析方法，介绍舰船地震波信号的统计量计算模型和听觉计算模型。

第 3 章，舰船地震波信号极化特性分析与线谱检测研究。首先，对地震波线谱信号进行建模。其次，利用极化分析方法对线谱信号的极化特性进行分析，对适用于线谱信号的极化参数进行选取。再次，研究线谱极化滤波算法，分析极化滤波函数的影响因素。根据极化滤波函数影响因素，研究四阶累积量极化分析方法和多重自相关极化分析方法，以及相应的线谱极化滤波算法。最后，利用仿真和海上实验数据验证所提算法的有效性。

第4章，舰船地震波信号调制特性分析与听觉特征提取研究。首先，对舰船地震波的调制特性进行分析。其次，研究舰船地震波包络调制信号移频处理的心理声学特征参数变化规律。再次，根据舰船地震波具有包络调制特性及水声听音处理时往往根据"节奏感"识别水声目标的特点，分析时变响度特征提取对于舰船地震波包络调制信号的适用性。在此基础上，提出舰船地震波包络调制信号的节拍响度变化量特征提取算法。最后，分析听觉滤波器对于舰船地震波线谱信号的提取性能，研究等带宽三角形滤波器倒谱系数特征。

第5章，结论。归纳所做工作，并给出研究结论，提炼本书研究的创新点，以及指出需要进一步研究的问题。

本书在撰写过程中受到哈尔滨工程大学朴胜春教授、杨士莪院士、张海刚教授、宋扬副教授等人的指点和帮助，在此表示衷心的感谢。同时，对东北大学出版社编辑团队在书稿出版过程中的辛勤劳动深表谢意。

鉴于著者水平有限，本书中难免存在不当之处，恳请读者批评、指正。

著　者

2024 年 5 月

目　录

第 1 章 绪 论

◈ 1.1 本书研究背景与意义

在国内，舰船地震波的特性和应用研究尚处初级阶段。舰船地震波作为一种新型的物理场，在水面船只探测方面具有重要的研究价值。而水面船只信号的检测和特征提取是水面船只探测的关键。水面船只受强背景噪声干扰，对其检测难度大，仍需探索新的水面船只检测方法；同时，舰船地震波信号在低频段，利用现有听音方法判断舰船地震波目标类型对人的生理和心理等方面都会造成影响。因此研究舰船地震波的特性及其在水面船只信号检测和听觉特征提取方面的应用具有重要意义。

强背景噪声干扰下的水面船只微弱信号检测仍然是水面船只探测中的技术难点。水面船只信号受环境噪声干扰严重，海洋噪声、地震噪声、雨噪声等都会对水面船只检测带来很强的背景噪声干扰。当舰船辐射噪声传播到浅海时，由于存在简正波低频截止效应，当舰船辐射噪声的频率低于简正波截止频率时，舰船辐射噪声的低频成分以舰船地震波的形式传播，为水面船只远距离探测提供新的物理场。线谱是舰船辐射噪声的重要组成部分，线谱谱级通常比连续谱谱级高，是检测和识别舰船目标的重要依据。常用的微弱信号检测方法大多利用线谱信号的幅度、相位和频率来检测水面船只，忽略了矢量信号的极化特性。极化特性是独立于矢量信号的幅度、相位和频率的又一重要特性，相应的极化滤波方法被广泛应用于光学、电磁学和地震勘探领域，而在水声领域，相关研究较少。因此，有必要将舰船地震波的极化特性应用到水面船只线谱检测中，这对水面船只远距离探测具有重要意义。

水声听音处理过程中往往根据"节奏感"的不同识别舰船目标。舰船螺旋桨在水中旋转时产生的空化噪声是最主要的噪声源之一，具有包络调制特性。

水声目标信号的响度、刺耳程度、起伏程度、音色等都会对听音判型带来影响。听觉器官对声音的适应性是有一定限度的[1]，人们长期在较强噪声环境中工作会引起耳聋或诱发其他疾病。人对不同频率的声音的感觉也是不同的[2]，次声对人的影响与人体器官的共振有关，会使人像晕船那样呕吐、眩晕、产生恐惧感等。舰船地震波信号在低频段，这会大大影响对水面船只的识别。因此，有必要研究舰船地震波信号移频处理的心理声学特征参数变化规律及其在水面船只听觉特征提取中的应用。

基于以上研究背景，本书对舰船地震波的特性和应用两方面进行了研究。首先，对舰船地震波线谱信号的极化特性进行了分析，研究了舰船地震波的线谱极化滤波算法，旨在改善强背景噪声干扰下的水面船只微弱信号检测问题，为水面船只远距离探测提供新的信号处理思路。其次，对舰船地震波的调制特性进行了分析，针对舰船地震波包络调制信号的低频特性，研究了舰船地震波包络调制信号移频处理的心理声学特征参数变化规律。同时，根据舰船地震波信号的包络调制特性在听音上具有"节奏感"的特点，借鉴水声听音处理过程，研究了舰船地震波信号的听觉特征提取方法，旨在为听音处理安全保障提供技术支持。

◈ 1.2　舰船地震波特性研究概况

随着潜艇隐身技术的发展，高频段潜艇辐射噪声级明显降低，而对于辐射噪声的低频/甚低频段减震降噪的效果不明显。在浅海，当舰船辐射噪声的频率低于简正波截止频率时，水中声信号严重衰减，通过海底以舰船地震波形式传播成为声传播的一个途径。对舰船地震波的研究离不开接收设备，地震传感器与舰船地震波测试系统有很高的通用性，因此，常用地震传感器或针对舰船地震波测量要求改进的地震传感器作为舰船地震波的测试系统。另外，由于激光的波长很短、灵敏度较高，可以探测到微弱的振动信号，所以激光干涉仪也被用作探测舰船地震波的地震传感器。

早在 20 世纪 40 年代，一系列研究海洋中低频/甚低频声特性的实验被广泛开展。Worzel 与 Ewing 通过浅海爆炸声实验获知，在浅海，远距离爆炸声源通过海底传播的地震波信号比通过水中传播的水声信号先被接收到，地震波信号与水声信号到达时间差由海底各层的深度和海底的物理特性决定。对于这个实验结果，Pekeris 利用分层介质简正波理论给出了理论解释。60 年代，Mcleroy 和 Urick 分别在不同地点，使用大功率带宽 CW 信号源在浅海进行了类似的实验。实验结果表明，在低频段，地震传感器的两个水平通道（x 通道和 y 通道）接收到的地震波信号与水听器接收到的水声信号相比具有较高的信噪比，且幅度较小，在垂直通道未表现出信噪比差异。1979 年，Hecht 等通过浅海声传播实验获知，地震传感器垂直通道接收到的 30~200 Hz 的信号的传播损失小于水听器接收到的相同频段信号的传播损失，但是在更低的频段范围内，两者没有明显差异。1987 年，Noarl 对三种不同声源进行实验研究，研究发现，地震波在浅海传播的重要性远大于在深海传播的重要性。之后，地震波特性的研究仍然得到国外学者的关注[3-6]。

国内对舰船地震波的研究相对较晚。海军工程大学、大连测控技术研究院、哈尔滨工程大学等单位陆续对舰船地震波的特性进行了研究。2005 年，陈云飞等[7]论证了航行舰船地震波产生的原因，总结了国外的海底实验研究中地震波的传播规律和特性。2007 年，卢再华等[8]仿真研究了浅海环境下的舰船辐射噪声低频部分引起的海底地震波，分析了海底吸声系数、海底基岩阻尼系数、声源频率等对海底地震波的影响。同年，卢再华等[9]理论分析了水压场海底地震波和低频点声源海底地震波。研究结果表明，在所分析的海洋环境下，舰船地震波主要由舰船辐射噪声引起。2010 年，张海刚[10]仿真研究和实验验证了浅海弹性海底环境下的甚低频声传播规律。研究结果表明，在声波从深海传播到岸上的过程中，其能量向海底泄露；在岸上，在弹性界面只存在由 Scholte 波（肖尔特波）转化成的 Rayleigh 波（瑞利波）。2010 年，李响等[11]研究了舰船地震波的时频特性。研究结果表明，水声信号和地震波信号来自同一声源，且舰船地震波信号具有低频特性。2017 年，吴强[12]通过仿真和实验验证了海底舰船地震波的能量传播规律和衰减特性。研究结果表明，接收到的 Scholte 波能量最大。2017 年，孟路稳等[13]进行了舰船地震波湖测实验，利用频谱图、时频图分析了舰船地震波的时频特性，也得出了舰船地震波具有低频特性的结论。

◆◆ 1.3 舰船地震波应用研究概况

研究学者对舰船地震波在水声探测方面的应用进行了研究。公开资料显示，地震波引信被应用于苏联的 995 型水雷中；20 世纪 60 年代起，美国在水雷引信中使用了地震波技术。董立等[14]提出了地震波引信的设计方案，重点介绍了敏感元件的双向静水压力平衡结构和信号处理方案中的相关原则及注意事项。2012年，颜冰等[15]利用单个三通道地震传感器接收舰船地震波，检测出舰船的运动参数，确定出水雷的最佳打击位置。2014年，李响等[16]提出利用小波谱、小波相干系数算法提取舰船地震波信号，并提出利用水中直达波及海底Scholte波的传播路径差异和传播时延定位舰船的方法。仿真结果表明，所提方法可以实现对舰船的被动定位。同年，卢再华等[17]提出在频域快速场模型的基础上进行逆傅里叶变换，得到海底地震波的时域合成计算方法。2016年，Chen等[18]利用相关曲线检测出了舰船地震波目标信号。2018年，张自圃等[19-20]利用舰船地震波信号的子波频率来识别舰船目标，两类舰船目标的识别率达到90%以上，并且分析了Scholte波的极化特性，利用匹配追踪算法和时频分析方法中的魏格纳分布联合的算法对海底地震波信号的频率、能量和传播时间进行分析，识别出Scholte波信号。

在国内，有关地震波的应用研究尚处在探索阶段，相关资料较少。从以上研究成果来看，舰船地震波可以用于探测舰船目标，舰船地震波的应用研究具有重要的国防战略意义。由于本书主要是研究舰船地震波信号在水面船只线谱检测和听觉特征提取两方面的应用，因此以下对水声领域的线谱检测方法和听觉特征提取方法的国内外研究概况进行详细介绍。

1.3.1 线谱检测方法研究概况

线谱的检测方法离不开谱估计方法，主要的谱估计方法有经典谱估计方法、现代谱估计方法等。

经典谱估计方法又称为非参数谱估计方法，这种方法是基于傅里叶分析的谱估计方法。周期图法这一概念由Schuster于1899年首先提出并沿用至今[21]。该方法通过对信号的傅里叶变换结果取平方作为信号真实功率谱的估计，其性能依赖数据的长度。当数据的长度太大时，谱曲线起伏加剧，即方差性能较差；当数据的长度太小时，谱的分辨率又较低。自相关法是由Blackman和Tukey于1985年提出的[22-23]。该方法首先对信号估计自相关函数，然后求傅里叶变换并作为信号的真实功率谱的估计，其在周期图法被广泛应用之前，是常用的谱估计方法。周期图法是自相关法的一个特例，因此，两者具有相同的估计性能。Bartlett法是在周期图法的基础上做分段平均，而Welch法是将加窗处理与分段平均相结合, 这两种方法旨在改善周期图法的方差性能。

现代谱估计方法的研究始于 20 世纪 60 年代。1967 年, Burg[24] 受地震领域研究中的线性预测滤波方法的启发, 提出了最大熵谱估计方法。该方法是根据信号有限延迟点上的自相关函数值, 按照最大熵准则获得未知延迟点的自相关函数的参数谱估计方法, 减小了对数据的依赖性。之后, 相继出现了基于参数化模型的 AR 模型参数谱估计方法、ARMA 模型参数谱估计方法和 MA 模型参数谱估计方法。以上方法虽然改善了经典谱估计较差的方差和分辨率性能, 但是参数化谱估计方法依赖计算模型, 估计谱方差反比于数据的长度和信噪比, 估计稳定性较差, 且容易产生谱分裂现象。1979 年, Schmidt 提出了谱估计的多重信号分类(MUSIC)算法, 是现代谱估计方法的一个转折点[25]。该算法不需要构建参数模型, 而是利用信号子空间正交于噪声子空间这一性质来进行谱估计, 估计精度高, 但计算量大, 且须预先估计出信号的个数。而旋转不变子空间(ESPRIT)谱估计算法在计算量上做了改善, 不需要进行谱峰搜索, 在很大程度上减少了运算量, 但是精度没有多重信号分类算法高。近年来, 压缩感知理论被应用到谱估计中来[26-28], 这种算法在少量数据点数甚至数据不完整的情况下是有效的, 但是计算量较大, 并且当信号非稀疏时很难检测到信号[29-30]。

自适应线谱增强(ALE)技术近年来被广泛应用于线谱信号检测中。Treichierls 把 Widorw 等人提出的单个正弦信号加白噪声的模型推广到多个单频正弦信号加白噪声的模型, 利用本征值、本征向量分析了自适应线谱增强器在平稳输入下的稳态特性和瞬态特性, 分析结果与典型的最小均方(LMS)算法中的结论是一致的。Rickard 等[31]根据有约束的维纳滤波理论, 考察了多个正弦信号加不相关噪声组成的平稳输入模型下的自适应线谱增强稳态特性。其后, Rickard 等进一步将单频正弦信号放宽为窄带信号, 考察了窄带信号加白噪声输入条件下自适应线谱增强输出的稳定特性。在水声领域中, 由于自适应线谱增强对背景的非平稳性不十分敏感, 因此将自适应线谱增强处理方法应用到该领域中。侯宝春等[32]提出自适应线谱增强相干累加算法, 提高了舰船目标信号的检测增益。刘辉涛等[33]和罗斌等[34]将自适应线谱增强算法和频域批处理算法相结合, 实现窄带弱信号线谱检测。刘宏等[35]、王彦等[36]、杨西林等[37]、何希盈等[38]使用了自适应线谱增强技术将舰船辐射噪声特征线谱从宽带背景噪声中分离出来。以上分析方法需要对噪声有较低的估计误差, 利用简谐波信号和噪声在统计上的差异提取线谱信号。

高阶累积量谱分析方法在舰船目标线谱检测方面也有重要应用。高阶累积量具有自动抑制高斯噪声的能力[39]，并能保留相位特性。20 世纪 60 年代初，统计学家在高阶谱方面做了相关理论研究[40-41]。由于高阶谱计算量较大，对其物理意义理解不足，它的发展起先较为缓慢。后来，随着计算机技术的不断发展，高阶累积量谱方法得以发展。80 年代，在美国科罗拉多州（Colorado）的范尔（Vail）召开了第一次高阶谱分析国际研讨会。Anderson 等[42]针对在加性高斯色噪声中估计谐波信号频率和幅度的问题，提出利用四阶累积量对角切片估计非高斯过程的相关数或谐波数的方法，以提取谐波信号。在国内，较早涉及高阶统计量领域的学者是清华大学的张贤达教授。2003 年，郭业才[43]提出了基于高阶累积量切片的自适应动态谱线增强算法，并利用水下运动目标辐射的线谱数据进行仿真研究。研究结果表明，该算法抑制高斯噪声的性能强于自适应线谱增强算法。2005 年，胡友峰等[44]从高阶统计量的角度研究了失配条件下的舰船目标检测问题，采用二阶、三阶统计联合分析方法，将双谱能量检测器与常规能量检测器结合，构成一种双谱双通道检测器。该方法增加了信号的信息量，改善了对舰船目标的检测性能。2010 年，包中华等[45]利用四阶累积量对角切片提取舰船目标线谱信号来抑制高斯色噪声。

LOFAR 和 DEMON 分析方法是检测水声目标信号的常用方法。在一定时间范围内，水声目标信号可以被认为是稳态的，LOFAR 图既可以反映水声目标信号功率谱在时间和频率上分布情况，又可以用来提取线谱特征。1992 年，Abel 等[46]利用信号和噪声的先验知识提取了线谱信号。1993 年，Martino 等[47]通过构造代价函数提取了线谱信号，线谱检测概率得到提高，但是该算法只能检测单根线谱，在实际应用中有很大的局限性。1997 年，Jaufferet 等[48]基于概率数据关联模型（probability data association, PDA）和动态规划的原则提出了一种新的线谱提取算法，该算法可处理最低信噪比为 4 dB 的信号。2000 年，Chen 等[49]利用双通过分离窗（two-pass split-windows, TPSW）提取了线谱图像，该算法实质上是一种图像滤波技术，可以检测高度不规则的时变线谱信号，但是在处理低信噪比信号时性能较差。2004 年，Gillespie[50]提出了利用高斯滤波器平滑 LOFAR 图的边缘检测算法。研究结果表明，该算法对低信噪比下线谱信号的检测概率较低。

DEMON 分析方法是常用的解调包络调制连续谱的方法。利用 DEMON 谱解调可以得到低频线谱，从而检测到舰船的轴频、叶频及谐波信息。20 世纪 80

年代，陶笃纯[51]研究了螺旋桨空化噪声连续谱，详细介绍了舰船辐射噪声调制谱的物理机理，从统计学角度给出了舰船辐射噪声包络调制的数学模型。1991年，Nielson[52]提出了声呐信号处理中的最大似然调制接收器。1993 年，Kummert[53]将模糊方法用于调制信号的自动检测。1998 年，Lourens 等[54]发表了舰船螺旋桨转速的 ML 估计。1999 年，Nielson 导出了标志性能极限的克拉美–罗下界。这一系列工作标志着 DEMON 处理理论体系走向完整。姚爱红等[55]通过对二维矢量传感器获得的舰船调制谱的分析，提出了利用解析声强流DEMON谱检测方法的多目标检测技术。程玉胜等[56]提出了基于现代信号处理技术的水中信号的 DEMON 分析方法。胡桥等[57]提出了一种基于集成经验模式分解（EEMD）和 DEMON 谱的舰船目标特征提取新方法，从而提取了信号的调制信息。骆国强等[58]利用信息熵和 DEMON 谱提高了舰船目标解调线谱强度，为更好地估计螺旋桨轴频、叶片数等参数信息奠定了基础。许劲峰等[59]对 1/2 维谱抑制高斯噪声、增强信号基频和剔除非相位耦合谐波分量等特性进行了研究，结合DEMON谱，分析利用 1/2 维谱，提取舰船包络调制信号的基频及其谐波信息。

1.3.2　听觉特征提取方法研究概况

人类借鉴听觉系统优良的声音处理机制，提出听觉模型，利用听觉模型对目标信号进行听觉特征提取。目前，水声目标听觉特征提取的主要思路有以下三种。

第一种思路是在听觉计算模型的基础上提取水声目标听觉特征。1991 年，针对水声目标信号，Teolis 等[60]在声呐任务分类中利用听觉模型提取了特征。研究结果表明，提取出的听觉特征的性能好于利用短时傅里叶变换（STFT）提取的特征的性能。1992 年，Parks 等[61]利用耳蜗图提取海冰破裂声和鲸鱼叫声特征。研究结果表明，提取出的特征相比短时傅里叶变换具有稍好的性能。2009 年，谢骏等[62]利用听觉模型提取了舰船辐射噪声的听觉特征，为被动声呐目标识别提供了新的特征分析方法。2010 年，马元锋等[63]通过对舰船辐射噪声产生机理的研究与分析，在听觉 Patterson-Holdsworth 耳蜗模型和 Meddis 内毛细胞模型的基础上，建立了船舶辐射噪声"声纹图"提取模型，在此基础上提取出了 15 维图像纹理特征，并利用 Patterson 等近几年提出的 Cascade Compressive Gammachirp 耳蜗模型提取听觉感知特征。2012 年，王磊等[64]根据

Gammatone 滤波器和 Meddis 内毛细胞模型模拟了耳蜗的处理机制，并根据水声目标信号的特点对 Meddis 模型的参数进行了修正，提出基于 Gammatone-Meddis 听觉外周计算模型的水声目标特征提取方法。2016 年，林正青等[65]提出了一种 Gammatone 滤波器组修正方法，该方法本质上是对 Gammatone 听觉模型进行插值，使修正后的模型能够更精细地反映目标的时频特性。

第二种思路是提取人对声音主观感受的听觉特征。近几年，研究学者越来越关注人类对水下噪声的听觉感知。这种思路通常又分为两类特征提取思路。第一类是建立在人耳主观反映模型基础上提取水声目标听觉特征。响度、音调、音色是人类用来描述声音的三个要素。在心理声学领域，研究学者建立了心理声学参数计算模型。心理声学参数包括响度、尖锐度、波动度、粗糙度、音调度等。王娜等[66-67]利用 Zwicker 响度计算模型提取心理声学参数中的特征响度和特征尖锐度作为识别特征对水声目标进行识别，证明了心理声学参数是识别水声目标的有效特征。2011 年，柳革命等[68]在 Zwicker 响度计算模型的基础上进行了简化，提取了 18 维的特征响度，对水声目标进行识别。吴姚振等[69]在对听觉特性响度模型分析的基础上，使用听觉 ERB（equivalent rectangular band）频带对舰船辐射噪声进行特征提取。2013 年，曹红丽等[70]分析和模拟了舰船辐射噪声的归一化功率和 Moore 响度变化趋势，提取了 Moore 响度时域均值作为听觉特征。第二类特征提取思路是利用水声目标信号在时域或频域上的特点，结合心理声学知识来提取水声目标信号的听觉特征。针对舰船辐射噪声的"节奏感"，2004 年，阳雄等[71]提出利用短时能量描述舰船辐射噪声的节拍清晰度，通过听测方法证明了该方法的合理性。2007 年，刘鹏等[72]利用双重谱分析方法，提取了舰船辐射噪声的节拍特征。2011 年，高鑫等[73]利用短时傅里叶变换分别计算节拍能量最强处和最弱处的累积功率谱，提出节拍功率变化率特征，并且证明了与以往的功率谱特征相比，节拍功率变化率特征和功率谱特征联合识别能有效提高识别率。2011 年，王焕荣等[74]利用振幅因数、零交点比率、短时能量、时域质心、上升、稳态、衰减持续时间等 14 维时域特征，谱质心、谱质心带宽、谱通量、谱熵等 7 维频域特征，以及响度、尖锐度和粗糙度来表征水下目标特征。2012 年，杨阳[75]提取了水声目标信号的谱下降值、谱不规律性、谱质心、谱质心带宽、谱通量作为表征信号的音色特征。

第三种思路是在听觉计算模型的基础上结合信号处理方法提取水声目标信号的听觉特征。2004 年，陆振波等[76]将 MFCC 特征参数应用于舰船辐射噪声的特征提取。实验结果表明，MFCC 特征比 AR 特征具有更好的抗噪性能。2007 年，黄凡等[77]提出利用 MFCC 特征来处理多被动声呐目标航迹关联的问题。2008 年，Lim 等[78]对水中瞬态信号逐帧提取 MFCC 特征进行分类识别。2009 年，Tolba 等[79]对水声目标进行 MFCC 特征提取。2015 年，聂东虎等[80]对蛙人呼吸声、舰船辐射噪声、海洋环境噪声进行了 MFCC 特征提取。2018 年，江向东[81]针对水中运动目标频谱时变性会对目标分类稳定性产生影响的问题，提出了一种利用时频图像累积变换与听觉特征相结合的特征提取方法。

虽然以上方法可以自动提取出水声目标听觉特征并用于识别，但是在稳定性和抗干扰能力方面无法与人耳听音辨识目标方法相匹敌。迄今为止，听音判型仍然是声呐探测水声目标过程中不可或缺的环节[82]。

人类对声音的听音感知在不同频段是不同的，如图 1.1 所示[83]。从等响曲线上可以看到，在 3~5 kHz，几乎每条等响曲线都呈向下凹状，并且低于 1 kHz 时的响度曲线，这说明这个区域的声音只要较小的声压级便能达到 1 kHz 时用较大的声压级所能产生的响度。因此，这个区域是人耳听觉最灵敏的区域。而对于 1 kHz 以下的声音，等响曲线骤然上升，表示人耳对于这一频段的声音灵敏度下降，在 100 Hz 以下，等响曲线彼此挨得较紧，功率稍微增大，声音听上去就会有"轰鸣感"。

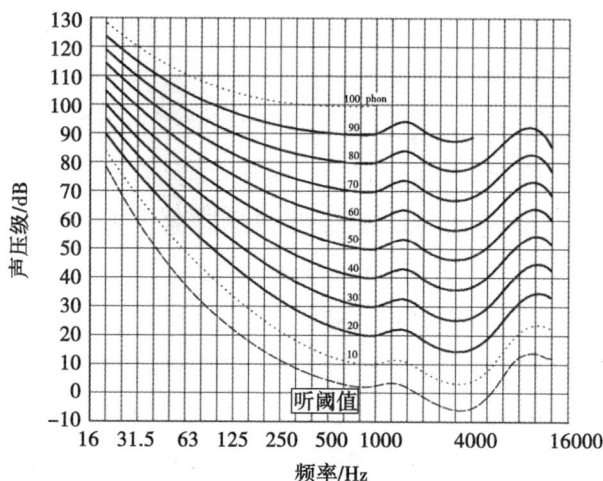

图 1.1 等响曲线

舰船地震波信号在低频段，这不利于对水声目标的听音判型。同时，长时间听音会对人的身体和心理造成很大的损害，会使人像晕船那样出现呕吐、眩晕、恐惧感等，甚至造成耳聋。因此，研究舰船地震波信号的移频处理对听音判型的影响具有重要意义。

◆ 1.4 矢量信号极化分析方法研究概况

极化也称偏振，它是用一个场矢量来描述空间某一个固定点所观测到的矢量波(电场、应变、自旋)随时间变化的特性[84]，是矢量信号独立于幅度、相位及频率的又一重要属性。

极化的概念起源于光学。1808年，马吕斯偶尔发现了光在两种介质界面上反射时的偏振现象。随后，菲涅耳和阿拉果对光的偏振现象和偏振光的干涉进行了研究。1817年，杨氏提出了光是一种横波的理论。1852年，斯托克斯首次提出用矩阵定量描述光波偏振的方法。随后，琼斯提出琼斯矢量法[85]。20世纪70年代，利用偏振片可以达到对相机镜头上的入射光进行调制的目的[86]。2001—2005年，Schechner等[87-90]从光的偏振特性出发，利用两个极化方向上的图像来估计偏振度和偏振状态，进而从雾霾图像中恢复出景观图像，这种极化分析技术被称为极化滤波。2011年，冯斌等[91]利用偏振滤波方法抑制了大气背景光。研究结果表明，图像对比度与背景光抑制比成正比，可以明显提高图像的视觉效果。

极化在雷达领域[92-98]也得到广泛应用。电磁波是三维的横波，正是由于其矢量特性产生"极化"这一现象。多个矢量传感器可以获取电磁信号的极化信息，因此，矢量传感器阵列的信号处理既包括空域处理又包括极化域处理。极化域滤波是对不同极化天线接收到的信号进行调节的方法[99]。1984年，Poelman等[100]构建了滤除杂波和干扰的凹口逻辑乘积极化滤波器(MLP)。1985年，意大利学者Guili等[101]对MLP滤波器进行了改进，提高了MLP滤波器的自适应能力。1995年，韩国学者Park等[102-103]根据极化域的特性，提出了极化自适应检测器。2001年，张国毅等[104-105]利用目标回波信号在较弱和较强时极化上的差异，抑制了背景干扰。2003年，美国学者Showman等[106]提出应用极化白化滤波来改善杂波背景下的目标检测。2013年，宋立众等[107]引入了瞬态极化检测与识别技术，有效地提高了雷达导引头的抗干扰性能。

在地震领域，研究者认为引入地震波的偏振特性可以极大地提高复杂结构介质的地震勘探效果。利用地震波间不同的极化特性，可以分离出不同偏振类型的地震波和噪声, 即极化滤波方法。这种方法最早是由 Flinn[108] 于 1965 年提出来的, 他提出可以通过对信号协方差矩阵特征值分解求取极化参数, 并且通过构造加权函数对信号进行极化滤波, 提取出体波。1983 年, Samson[109] 提出极化度函数。1996 年, Anderson 等[110] 提出了基于静态小波包的极化分析方法, 通过硬阈值方法设计滤波器, 识别出了体波和表面波。近年来, De Franco 等[111] 提出了对信号奇异值分解求取极化参数的极化滤波方法, 达到了波场分离和降噪的目的。Kulesh 等[112] 为了识别瑞利波, 提出在时频域提取瑞利波极化参数的方法。该方法对信号进行连续小波变换, 通过椭圆率构造相应的滤波器压制或提取瑞利波。2010 年, Auria 等[113] 在离散小波域对火山地震信号进行了极化参数提取, 以此说明火山地震信号的特点。2011 年, 宋维琪等[114] 针对在时域存在的不同类型波混叠现象及利用傅里叶变换的频域极化滤波存在频谱泄露等问题, 引入多阶窗函数, 并根据 Perelberg 设计滤波器方法构造滤波函数, 达到了提高微地震资料信噪比的目的。2014 年, 马见青等[115] 针对时窗选择问题, 提出自适应的协方差极化滤波方法。该方法使时窗的长度自适应于三分量地震记录的瞬时频率, 达到压制噪声并且提高信噪比的目的。

在地震领域, 常利用质点偏振图来描述地震波的极化特性, 这种图示方法描述的是介质中每个质点随时间振动的空间轨迹, 即介质质点运动轨迹。图 1.2 是地震波质点偏振图的一个实例。图中从左到右, 质点分别表现为很好的偏振、好的偏振及差的偏振。偏振的好坏在该图中用 T 表示, 数值越大表示偏振越好; $V(V_x, V_z)$ 分别对应地震波质点运动轨迹的两个分量所对应的能量, 以 "$V=0.153, 0.950$" 为例, 表示 z 方向上的能量约占 95%, 质点沿 z 方向偏振。

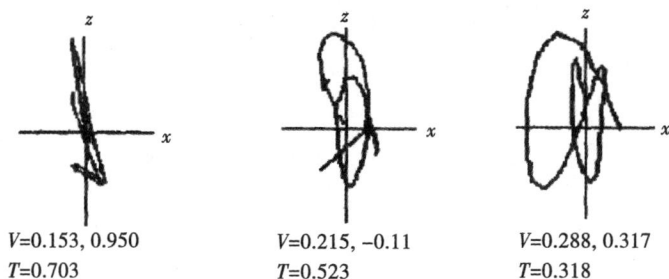

$V=0.153, 0.950$ $V=0.215, -0.11$ $V=0.288, 0.317$
$T=0.703$ $T=0.523$ $T=0.318$

图 1.2 质点偏振图

在水声领域，对水声目标信号的极化特性研究工作较少。早在 1980 年，Rauch[116]总结推导出了上层为半无限流体介质、下层为半无限弹性介质中传播的波存在 Scholte 波，利用偏振图研究了其极化特性。刘伟[117]提出基于矢量信号场极化特性的水声目标 DOA 估计方法。水下测控技术重点实验室的杜波等[118]利用极化滤波器对宽带水声目标信号进行了提取，取得了较好的提取效果。舰船地震波作为地震波的一种，同样具有极化特性。舰船地震波是一种新型的物理场，分析舰船地震波的极化特性，并利用舰船地震波信号与噪声在极化特性上的差异来检测舰船目标是值得研究的。

第 2 章　舰船地震波基础理论

◆◇ 2.1　引　言

　　舰船地震波是由舰船辐射噪声和舰船航行时的海水压力以及对流体的扰动引起的低频弹性波[9, 16]，其中舰船辐射噪声是被动声呐系统赖以探测舰船目标的信号。舰船辐射噪声的频谱具有明显的特点，即由线谱和连续谱组成，这两种形式又具有各自的特点。因此，从舰船辐射噪声的频谱特性着手分析舰船地震波线谱的极化特性及连续谱的包络调制特性是有必要的。

　　本章首先分析了舰船地震波信号的频谱特性，其次分析了舰船地震波的线谱极化特性和地震波极化分析方法，再次给出了舰船地震波信号的统计量计算方法，最后给出了舰船地震波的听觉计算模型。

◆◇ 2.2　舰船地震波信号频谱特性

　　舰船地震波的部分能量是由舰船辐射噪声与海底的频繁接触透射进海底形成的，而舰船辐射噪声具有明显的时、频特性，是被动声呐系统探测舰船目标的重要特征。从噪声源角度来看，舰船辐射噪声可以分为三大类，分别为机械噪声、螺旋桨噪声和水动力噪声，如图 2.1 所示。不同噪声源产生不同类型的频谱，总体表现为两种类型：一种是线谱，另一种是连续谱。

　　线谱是舰船辐射噪声的重要组成部分，线谱谱级通常比连续谱谱级高出 10 ~ 25 dB[119]，是检测和识别舰船目标的重要依据。产生线谱的部件有很多种，如推进系统、辅机和螺旋桨叶片等。其中，推进系统产生的线谱会随着航速的增大而向高频移动，且幅度随之增强，频率范围为 10 ~ 100 Hz；由辅机及一些复杂的阀门、管路、齿轮箱等产生的线谱较稳定，频率范围为 100 ~ 1000 Hz；由螺旋桨叶片拍击、切割水流时产生的线谱是潜艇低频段噪声的主要成分，频率范围为 1~100 Hz。

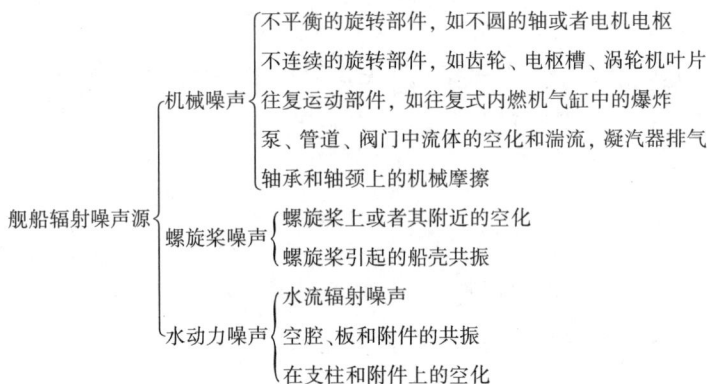

舰船辐射噪声源
- 机械噪声
  - 不平衡的旋转部件，如不圆的轴或者电机电枢
  - 不连续的旋转部件，如齿轮、电枢槽、涡轮机叶片
  - 往复运动部件，如往复式内燃机气缸中的爆炸
  - 泵、管道、阀门中流体的空化和湍流，凝汽器排气
  - 轴承和轴颈上的机械摩擦
- 螺旋桨噪声
  - 螺旋桨上或者其附近的空化
  - 螺旋桨引起的船壳共振
- 水动力噪声
  - 水流辐射噪声
  - 空腔、板和附件的共振
  - 在支柱和附件上的空化

图 2.1 舰船辐射噪声分类

远场情况下，线谱信号可以表示为

$$x(t) = Ae^{j(2\pi f_0 t + \varphi)} \tag{2.1}$$

式中，A 为信号的幅度，f_0 为信号的频率，φ 为信号的初相位。

连续谱噪声是由各种管道、泵中流体的空化、湍流、排气，以轴承、轴颈上的机械摩擦、螺旋桨旋转等所产生的噪声。螺旋桨在水中旋转时会产生空化噪声，在第二次世界大战时期，它是水下监听首先听到的水声[120]，是最主要的噪声源之一。螺旋桨空化噪声具有包络调制特性，所对应的调制连续谱峰值通常位于 100~1000 Hz 的十倍频程范围内。当舰船高速航行或在浅海航行时，产生大量的空化气泡，该调制连续谱峰值所对应的频率降低，掩盖某些线谱。螺旋桨空化噪声常被用作识别舰船目标及估计目标航速的依据。

包络调制信号模型可以简单地写为

$$S(t) = m(t)S_x(t) \tag{2.2}$$

式中，$S_x(t)$ 为舰船辐射噪声的宽带连续谱，可以采用自适应特定频率响应 FIR 滤波器对这种信号进行模拟[121]；$m(t)$ 为调制函数，根据陶笃纯的数学模型，将其视为幅度随机、重复周期相同的脉冲性随机过程，单个脉冲的形状取为高斯型[51]：

$$u_\xi(t) = \frac{\xi}{\sqrt{2\pi}} e^{\frac{-t^2}{2\sigma^2}} \tag{2.3}$$

其中，调制形式决定相邻高斯脉冲之间的间隔 L。如对轴频调制，轴频周期为 T，则 $L=T$；对于叶片数为 B 的叶片频调制，则 $L=T/B$；对于轻重节奏调制，则

$L = T/2$。不同脉冲的幅度 ξ 是相互独立的随机变量，各自服从一定的概率密度。在具体计算中，可以把这种概率分布取为 $(\bar{\xi}/2, 3\bar{\xi}/2)$ 的均匀分布，其中，$\bar{\xi}$ 为幅度的平均值。对于 M 个叶片的叶片频调制，取 M 个脉冲为一组，它们的幅度有不同的平均值 $\bar{\xi}_0, \bar{\xi}_1, \cdots, \bar{\xi}_{M-1}$。$\sigma = T/MK$，$K$ 为整数。对于 4 叶调制，$K = 4$。$\bar{\xi}_0, \bar{\xi}_1, \cdots, \bar{\xi}_{M-1}$ 对应不同的调制模式。图 2.2 给出了四种模式下的时域波形，其中 $K = 4$，$T = 1/4$，连续谱谱峰在 500 Hz 处。从图 2.2 中可以看到，在不同模式下，时域波形中的脉冲分布不同，在听音时反映为"节奏"的不同。

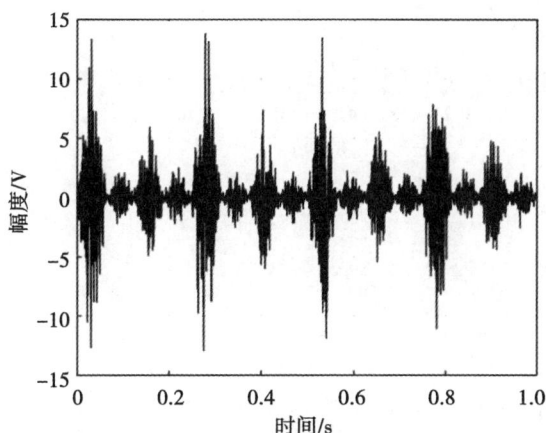

(a) 非均匀模式 I，

$\bar{\xi}_0 = 1, \bar{\xi}_1 = 0.2, \bar{\xi}_2 = 0.5, \bar{\xi}_3 = 0.2$

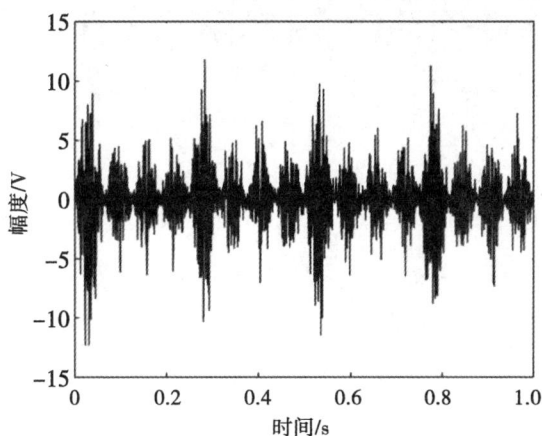

(b) 非均匀模式 II，

$\bar{\xi}_0 = 1, \bar{\xi}_1 = 0.5, \bar{\xi}_2 = 0.5, \bar{\xi}_3 = 0.5$

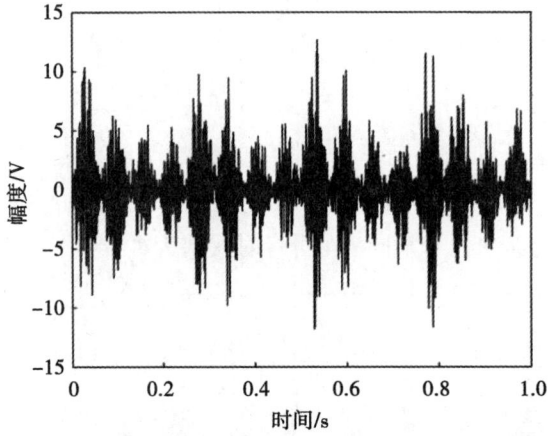

(c)非均匀模式Ⅲ，

$$\bar{\xi}_0 = 1 , \bar{\xi}_1 = 0.8 , \bar{\xi}_2 = 0.5 , \bar{\xi}_3 = 0.5$$

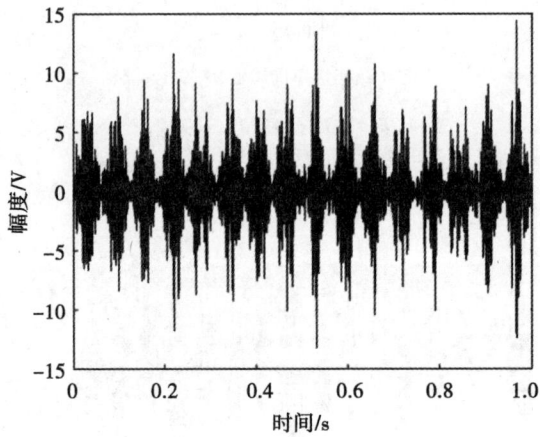

(d)均匀模式，

$$\bar{\xi}_0 = \bar{\xi}_1 = \bar{\xi}_2 = \bar{\xi}_3 = 1$$

图 2.2　四种模式下的时域波形

◆◇ 2.3　舰船地震波信号极化特性和分析方法

2.3.1　舰船地震波线谱信号极化特性

舰船地震波同地震引起的地震波相同，具有极化特性。在地震领域，地震波的极化（偏振）就是波通过空间记录点时介质质点或位移矢量末端描出的运动轨迹[122]。舰船地震波有多种波的传播形式，包括体波和表面波。体波是地球内部传播的地震波，表面波是沿着介质表面传播的地震波。表面波在传播时的衰减速度比体波的衰减速度小，传播距离远。表面波根据涉及的介质特性不同，分为 Rayleigh 波、Stonely 波（斯通利波）和 Scholte 波等。其中，Rayleigh 波为在固体表面传播的表面波，Stonely 波为在固体与固体界面传播的表面波，Scholte 波是沿着液体与固体界面传播的表面波[16]。不同类型弹性波的极化特性不同。体波（压缩波和剪切波）在直线上偏振，质点运动轨迹为直线，为线性极化；表面波在一个平面内偏振，质点运动轨迹为椭圆，为椭圆极化；随机噪声不具有固定的偏振方向[123]。

由于海底界面的反射，弹性介质中相互独立的压缩波和剪切波具有非均匀性，这两种波相互作用，形成表面波。由文献[10]可知，简谐波声源可以激发出 Scholte 波形式的海底地震波，Scholte 波在流体层中的水平位移和垂直位移分别为

$$u_{\mathrm{w}} = -2kA\sinh(k\xi_1 H)\sin(kx - \omega t) \tag{2.4}$$

$$v_{\mathrm{w}} = -2kA\xi_1\cosh(k\xi_1 H)\cos(kx - \omega t) \tag{2.5}$$

Scholte 波在弹性海底中的水平位移和垂直位移分别为

$$u_{\mathrm{b}} = -2kA\xi_1\cosh(k\xi_1 H) = \left(\frac{2c_{\mathrm{s}}^2 - c^2}{c^2 \xi_2} e^{-k\xi_2(z-H)} - \frac{2\xi_{\mathrm{s}} c_{\mathrm{s}}^2}{c^2} e^{-k\xi_{\mathrm{s}}(z-H)} \right)\sin(kx - \omega t) \tag{2.6}$$

$$v_{\mathrm{b}} = 2kA\xi_1\cosh(k\xi_1 H)\left(-\frac{2c_{\mathrm{s}}^2 - c^2}{c^2} e^{-k\xi_2(z-H)} + \frac{2c_{\mathrm{s}}^2}{c^2} e^{-k\xi_{\mathrm{s}}(z-H)} \right)\cos(kx - \omega t) \tag{2.7}$$

式中，k 为波数，ω 为信号的角频率，H 为海水深度，c 为与波数对应的波速，c_{s} 为剪切波波速，A、ξ_1、ξ_2 和 ξ_{s} 为与声场有关的常量。

由式(2.4)~式(2.7)可知，无论是在流体层中还是在弹性海底，水平位移和垂直位移都分别是正弦函数和余弦函数，相位相差 π/2。因此，在流体层中

和弹性海底的质点运动轨迹都呈椭圆形,即为椭圆极化。

文献[10]中还指出,Scholte 波在流体层中的质点运动轨迹为顺进的扁椭圆。在弹性体与流体交界面处,质点运动轨迹为顺进的立椭圆。在某一深度,质点的运动轨迹上下振动,在该深度以下,质点的位移轨迹为逆进立椭圆。在一定条件下,当海水很浅或声波频率很低时,Scholte 波接近于 Rayleigh 波传播。

图 2.3 给出了三通道地震传感器接收的一段实验数据的质点偏振图。信号是频率为 70 Hz 的单频信号。从图 2.3 中可以看到,该段信号的质点运动轨迹为三维空间的椭球,呈椭圆极化。

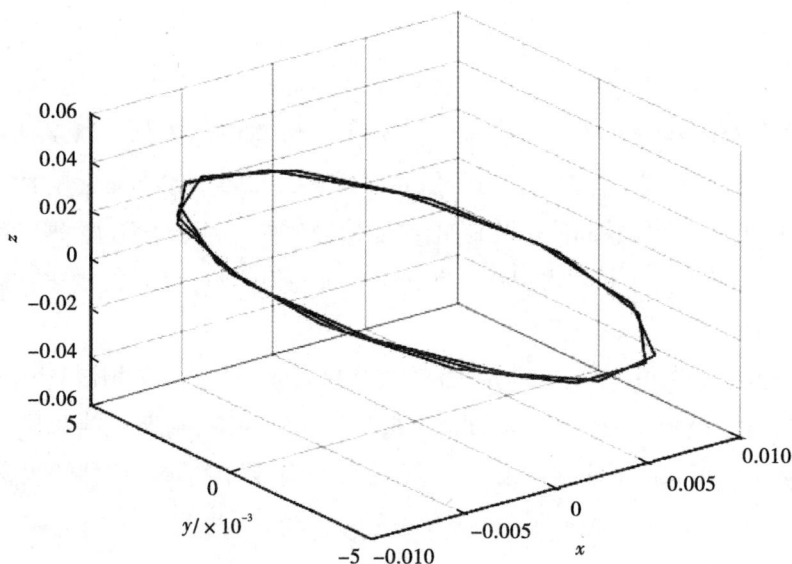

图 2.3 实验数据的质点运动轨迹

对 x, y, z 三个通道数据进行傅里叶变换,将其变换到频域,三个通道中所有频率点所对应的频谱幅值设为 $X = \{x_1, x_2, \cdots, x_n\}$, $Y = \{y_1, y_2, \cdots, y_n\}$, $Z = \{z_1, z_2, \cdots, z_n\}$ (n 为频率点总数),那么 (x_1, y_1, z_1), (x_2, y_2, z_2), $\cdots$, (x_n, y_n, z_n) 在 x, y, z 三维直角坐标系中所对应的点依次连线构成的图形如图 2.4 所示。从图中可以看到,实验数据的各频点频谱幅值分布图形接近一条直线。

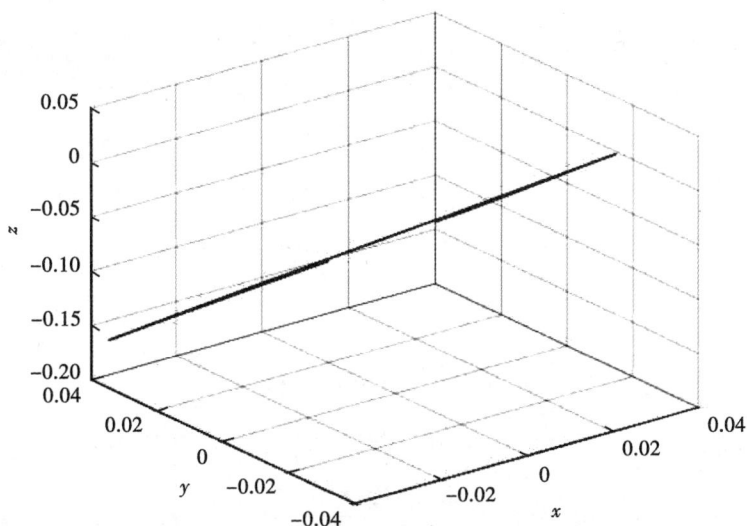

图 2.4　实验数据的各频点频谱幅值分布图

2.3.2　地震波极化分析方法

极化分析方法是根据波的极化特性提取出波的极化信息的一种信号处理方法[124]。按照极化信息获取算法分类，常用的极化分析方法有特征值分解（SVD）方法和奇异值分解方法。

Anderson 等建立的 Rayleigh 表面波信号模型的公式为[110]

$$s(t) = a(\theta)x(t) \tag{2.8}$$

其中，

$$a(\theta) = \begin{bmatrix} \cos\phi\cos\theta \\ \cos\phi\sin\theta \\ j\sin\theta \end{bmatrix} \tag{2.9}$$

式中，θ 为方位角，即地震波信号在 xOy 平面的投影与 x 方向的夹角；ϕ 为与信号椭圆轨迹的长轴和短轴有关的常量，$\phi \in (-45°, 45°]$，如图 2.5 所示。

在分析时窗内求信号的协方差矩阵，并对其特征值进行分解，则可解出 3 个特征值[108]，设这 3 个特征值为 λ_1，λ_2，$\lambda_3 (\lambda_1 \geqslant \lambda_2 \geqslant \lambda_3)$。$\lambda_1$，$\lambda_2$，$\lambda_3$ 分别对应信号极化的长轴、中长轴和短轴。其所对应的特征向量分别对应信号极化的主轴方向。

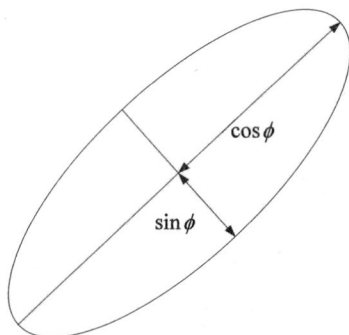

图 2.5　椭圆极化示意图

在分析时窗内，直接对信号的协方差矩阵进行奇异值分解，则有

$$S = P\boldsymbol{\Sigma} Y^{\mathrm{T}} \tag{2.10}$$

式中，T 为转置；$\boldsymbol{\Sigma}$ 为对角矩阵，其对角元素为 S 的奇异值 σ_1，σ_2，$\sigma_3(\sigma_1 \geqslant \sigma_2 \geqslant \sigma_3 > 0)$，每个奇异值是协方差矩阵 $\boldsymbol{M}$ 相应特征值的正平方根；$\boldsymbol{Y}$ 为酉矩阵，为奇异值对应的特征向量。

分析窗大小的选择在很大程度上决定了极化参数提取的好坏。如果分析窗选得很大，那么同一个分析窗中波的类型不单一，使计算的极化参数不准确；如果分析窗选得太小，那么将会削弱极化分析方法的统计特性，导致出现噪声[125]。

椭球的长、短及次短半轴与特征值的关系为

$$a = m\sqrt{\lambda_1}, \ b = m\sqrt{\lambda_2}, \ c = m\sqrt{\lambda_3} \tag{2.11}$$

式中，$m \approx \sqrt{3}$。

常用的反映极化信息的极化参数如下。

(1) 椭圆率 ε

由于特征值 λ_1，λ_2，λ_3 分别对应信号极化的长轴、中长轴和短轴，则椭圆率具体表示如下。

① 主椭圆率：

$$\varepsilon_{31} = \sqrt{\frac{\lambda_3}{\lambda_1}} \tag{2.12}$$

② 次椭圆率：

$$\varepsilon_{21} = \sqrt{\frac{\lambda_2}{\lambda_1}} \tag{2.13}$$

③ 横向椭圆率：

$$\varepsilon_{32} = \sqrt{\frac{\lambda_3}{\lambda_2}} \tag{2.14}$$

④ 主轴直线性 R_1：

$$R_1 = 1 - \varepsilon_{31}^2 \tag{2.15}$$

⑤ 次轴直线性 R_2：

$$R_2 = 1 - \varepsilon_{32}^2 \tag{2.16}$$

⑥ 平面性 P：

$$P = 1 - \frac{2\lambda_3}{\lambda_1 + \lambda_2} \tag{2.17}$$

（2）极化度 η

极化度反映数据的极化程度，其计算公式如下[109]：

$$\eta = \frac{nTr[M(\xi)]^2 - [TrM(\xi)]^2}{(n-1)[TrM(\xi)]^2} \tag{2.18}$$

式中，n 为地震传感器通道数。

当 $n = 3$ 时，利用特征值表示有

$$\eta = \frac{(\lambda_1 - \lambda_2)^2 + (\lambda_1 - \lambda_3)^2 + (\lambda_2 - \lambda_3)^2}{2(\lambda_1 + \lambda_2 + \lambda_3)^2} \tag{2.19}$$

当所接收到的数据为线性极化时，质点运动轨迹为直线 $\lambda_1 \gg \lambda_2$，λ_3，$\eta \to$ 1；当所接收到的数据为噪声时，质点运动轨迹接近圆，$\lambda_1 \approx \lambda_2 \approx \lambda_3$，$\eta \to 0$。

图 2.6 为利用特征值分解方法和奇异值分解方法求得的极化度。其中，0～0.1 s 和 0.2～0.3 s 为高斯白噪声，0.1～0.2 s 是频率为 30 Hz 的单频信号，该正弦信号幅度为 1 V，初始相位为 30°，采样频率为 2000 Hz，ϕ 为 20°，方位角 θ 为 35°，信噪比为 30 dB。从图 2.6 中可以看到，在噪声时段内，利用奇异值分解方法求得的极化度值普遍小于利用特征值分解方法求得的极化度值；在信号时段内，利用奇异值分解方法求得的极化度值普遍大于利用特征值分解方法求得的极化度值，并且在噪声和信号的邻近点处奇异值分解方法同样能更好地表征信号极化特征。由此可知，奇异值分解方法相比特征值分解方法能更好地揭示噪声和单频信号的极化特性，这是因为奇异值分解方法不会沿着极化主轴进一步旋转，能更准确地恢复原信号的极化属性[111]。

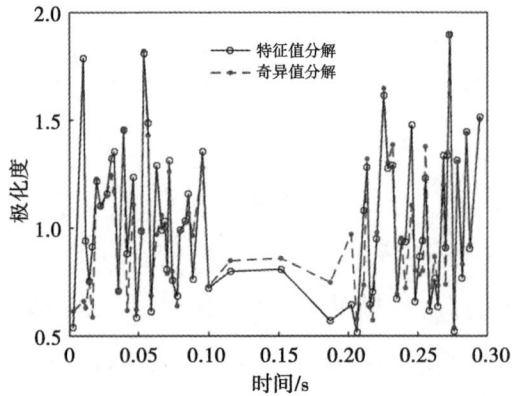

图 2.6　两种方法所求极化度对比

当地震传感器的通道个数为 2 时，极化参数提取方法同上，求得的极化参数为二维极化参数。

除了时域极化分析方法外，还有频域极化分析方法和时频域极化分析方法。这些方法根据要达到目的不同有不同的算法[125]。

◆ 2.4　舰船地震波信号统计量计算方法

利用舰船地震波信号和背景环境噪声在高斯性方面的差异，运用统计量方法，可以达到抑制背景环境噪声，提取舰船地震波信号的目的。舰船地震波信号统计量计算方法如下[25]。

设随机向量 $\boldsymbol{x} = [x_1, x_2, x_3, \cdots, x_q]^T$ 的联合特征函数为

$$\Phi(\boldsymbol{\omega}) = E\left\{e^{\mathbf{j}\boldsymbol{\omega}^T \cdot \boldsymbol{x}}\right\} = E\left\{e^{\mathbf{j}\sum\limits_{i=1}^{q}\omega_i x_i}\right\} = \prod_{i=1}^{q} E\left\{e^{\mathbf{j}\omega_i x_i}\right\} \qquad (2.20)$$

式中，$\mathbf{j} = \sqrt{-1}$，T 表示转置，$\boldsymbol{\omega} = [\omega_1, \cdots, \omega_q]^T$，$E\{\cdot\}$ 表示数学期望。

$\boldsymbol{x}$ 在 $\omega_1 = \cdots = \omega_q = 0$ 处的 g 阶矩 $m_{v_1, \cdots, v_q x}$ 为

$$m_{v_1, \cdots, v_q x} \overset{\Delta}{=} (-\mathbf{j})^g \frac{\partial^g \Phi(\omega_1, \cdots, \omega_q)}{\partial \omega_1^{v_1}, \cdots, \omega_q^{v_q}}\bigg|_{\omega_1 = \cdots = \omega_q = 0} \qquad (2.21)$$

g 阶累积量 $C_{v_1, \cdots, v_q x}$ 为

$$C_{v_1, \cdots, v_q x} \overset{\Delta}{=} (-\mathbf{j})^g \frac{\partial^g \Phi(\omega_1, \cdots, \omega_q)}{\partial \omega_1^{v_1}, \cdots, \omega_q^{v_q}}\bigg|_{\omega_1 = \cdots = \omega_q = 0} \qquad (2.22)$$

式中，$g = v_1 + v_2 + \cdots + v_q$。

特别地，当取 $v_1 = \cdots = v_q = 1$ 时，即最常见的 q 阶矩和 q 阶累积量，并分别记为

$$m_{qx} = m_{1,\cdots,1} = \mathrm{mom}(x_1, \cdots, x_q) \qquad (2.23)$$

$$C_{qx} = C_{1,\cdots,1} = \mathrm{cum}(x_1, \cdots, x_q) \qquad (2.24)$$

设 $\{x(k)\}$（k 为离散时间）为 q 阶平稳随机过程（均值和相关函数均与时间无关），则该过程的 q 阶矩 $m_{qx}(\tau_1, \cdots, \tau_{q-1})$ 和 q 阶累积量 $C_{qx}(\tau_1, \cdots, \tau_{q-1})$ 分别为

$$m_{qx}(\tau_1, \cdots, \tau_{q-1}) \overset{\Delta}{=\!=} \mathrm{mom}\{x(k), x(k+\tau_1), \cdots, x(k+\tau_{q-1})\} \qquad (2.25)$$

$$C_{qx}(\tau_1, \cdots, \tau_{q-1}) \overset{\Delta}{=\!=} \mathrm{cum}\{x(k), x(k+\tau_1), \cdots, x(k+\tau_{q-1})\} \qquad (2.26)$$

式中，$\tau_1, \cdots, \tau_{q-1}$ 为延迟量。

接收器接收到的地震波信号并非平稳信号，但在一定时间范围内可以将其看成局部（准）平稳信号。设 $\{x(k)\}$ 为局部（准）平稳实随机过程，则其 q 阶平均矩 $\overline{m}_{qx}(\tau_1, \cdots, \tau_{q-1})$ 和 q 阶平均累积量 $\overline{C}_{qx}(\tau_1, \cdots, \tau_{q-1})$ 的估计为

$$\overline{m}_{qx}(\tau_1, \cdots, \tau_{q-1}) \overset{\Delta}{=\!=} \lim_{k\to\infty} \frac{1}{k} \sum_{n=1}^{k} E[x(n)x(n+\tau_1)\cdots x(n+\tau_{q-1})]$$

$$(2.27)$$

$$\overline{C}_{qx}(\tau_1, \cdots, \tau_{q-1}) \overset{\Delta}{=\!=} \overline{\mathrm{cum}}\{x(k)x(k+\tau_1)\cdots x(k+\tau_{q-1})\}$$

$$= \lim_{k\to\infty} \frac{1}{k} \sum_{n=1}^{k} \mathrm{cum}[x(n)x(n+\tau_1)\cdots x(n+\tau_{q-1})]$$

$$(2.28)$$

矩和累积量之间的转换关系如下。

累积量-矩公式（简称 C-M 公式）：

$$m_x(I) = \sum_{U_{p_1=1}^{p_2} I_{p_1} = I} \prod_{p_1=1}^{p_2} C_x(I_{p_1}) \qquad (2.29)$$

矩-累积量公式（简称 M-C 公式）：

$$C_x(I) = \sum_{U_{p_1=1}^{p_2} I_{p_1} = I} (-1)^{p_2-1}(p_2-1)! \prod_{p_1=1}^{p_2} m_x(I_{p_1}) \qquad (2.30)$$

式中，$\sum\limits_{U_{p_1=1}^{p_2} I_{p_1} = I}$ 表示在 I 的所有分割（$1 \leqslant p_2 \leqslant N(I)$）内求和，则对于零均值的局

部平稳实随机过程 $\{x(k)\}$，各阶累积量为

$$\overline{C}_{2x}(k, \tau) = \overline{\text{cum}}\{x(k), x(k+\tau)\} = \overline{E}\{x(k), x(k+\tau)\} \tag{2.31}$$

$$\overline{C}_{3x}(k, \tau_1, \tau_2) = \overline{\text{cum}}\{x(k), x(k+\tau_1), x(k+\tau_2)\} = \overline{E}\{x(k), x(k+\tau_1), x(k+\tau_2)\}$$

$$\tag{2.32}$$

$$\overline{C}_{4x}(k, \tau_1, \tau_2, \tau_3) = \overline{\text{cum}}\{x(k), x(k+\tau_1), x(k+\tau_2), x(k+\tau_3)\}$$

$$= \overline{m}_{4x}(\tau_1, \tau_2, \tau_3) - \overline{m}_{2x}(\tau_1)\overline{m}_{2x}(\tau_2-\tau_3) -$$

$$\overline{m}_{2x}(\tau_2)\overline{m}_{2x}(\tau_3-\tau_1) - \overline{m}_{2x}(\tau_3)\overline{m}_{2x}(\tau_2-\tau_1) \tag{2.33}$$

式中，$\overline{E}\{x(k)\} = \lim\limits_{N \to \infty} \dfrac{1}{N} \sum\limits_{k=1}^{N} E\{x(k)\}$；$\overline{m}_{2x}(k, \tau) = \overline{E}\{x(k)x(k+\tau)\}$ 是局部

（准）平稳随机过程 $\{x(k)\}$ 的二阶矩，即自相关函数。

平稳随机过程 $\{x(k)\}$ 的 q 阶谱，定义为 q 阶累积量的 $q-1$ 维傅里叶变换[43]：

$$S_{qx}(\omega_1, \cdots, \omega_{q-1}) \overset{\Delta}{=} \sum\limits_{\tau_1 = -\infty}^{+\infty} \cdots \sum\limits_{\tau_{q-1} = -\infty}^{+\infty} C_{qx}(\tau_1, \cdots, \tau_{q-1}) \exp\left(-\mathrm{j}\sum\limits_{i=1}^{q=1} \omega_i \tau_i\right)$$

$$\tag{2.34}$$

$S_{2x}(\omega)$ 是 $\{x(k)\}$ 序列的功率谱，$S_{4x}(\omega_1, \omega_2, \omega_3)$ 是 $\{x(k)\}$ 的四阶累积量谱。

◆ 2.5 舰船地震波信号听觉计算模型

舰船地震波信号可以通过移频等变换转换为人耳听觉范围内的声音信号，因此可以用于听音判型，并且利用听觉计算模型提取舰船地震波信号的听觉特征。听觉模型的构建过程如图 2.7 所示。听觉系统处理机制、人对声音的主观感受和听觉计算模型以听觉系统处理机制为基础相互支撑和印证，共同推动了听觉研究的进展。人耳听觉模型的构建与实际应用场合有关，它可以实现听觉系统的不同功能。

心理声学参数计算模型和听觉滤波器模型是比较成熟的听觉计算模型，下面对这两个模型进行介绍。

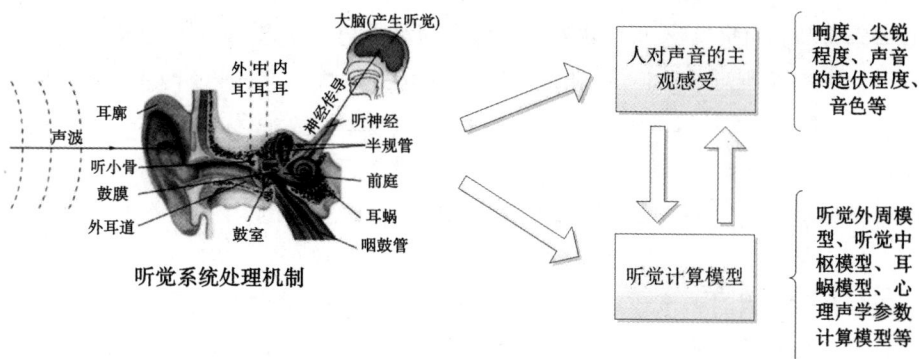

图 2.7　听觉模型的构建过程

2.5.1　心理声学参数计算模型

2.5.1.1　响度

响度(Loudness)是心理声学参数中最基本的参量。响度的大小不仅与声波的振幅有关,还与声波的频域有关。它与 A 声压级相比,能更准确地反映声音的响亮程度。响度的单位为宋(sone)。

根据声音是否为稳态,响度计算模型分为稳态响度计算模型和时变响度计算模型[126]。

(1)稳态响度计算模型

稳态响度计算模型是用来计算稳态声音响度的计算模型。根据 ISO 532B 标准,特征响度(单位为 sone/Bark)表示为

$$N'(z) = 0.08 \left(\frac{E_{TQ}}{E_Q}\right)^{0.23} \left[\left(0.5 + \frac{0.5E}{E_{TQ}}\right)^{0.23} - 1\right] \tag{2.35}$$

式中,E_{TQ} 为安静状况下听阈所对应的激励,E_Q 为参考声强 $I_0 = 10^{-12}$ W/m^2 所对应的激励,E 为被声信号所对应的激励,z 为 Bark 域的特征频带数。

对 0~24 Bark 上特征响度进行积分,得到总响度为

$$N = \int_0^{24} N'(z)\,\mathrm{d}z \tag{2.36}$$

响度与响度级 L_N 的关系如下:

$$N = 2^{0.1(L_N - 40)} \tag{2.37}$$

(2)时变响度计算模型

时变响度计算模型是用来计算时变声音响度的计算模型。目前,最为典型的时变响度模型分别由 Zwicker 和 Fastl(1999 年)与 Glasberg 和 Moore(2002 年)

提出。这两种时变响度计算模型都以稳态响度模型为基础，并且不仅考虑了频域掩蔽效应，而且考虑了时域掩蔽效应。时变响度计算流程见图2.8[126]。

如图2.8所示，Zwicker和Fastl模型(此处简称为Zwicker时变响度模型)在Bark域计算激励级，而Glasberg和Moore模型(此处简称为Moore时变响度模型)在ERB域计算激励级。两个模型均根据得到的激励级计算特征响度。这两种模型通过引入一个时间常量来模拟响度的动态范围：Zwicker时变响度模型以2 ms作为时域掩蔽时间常数，而Moore时变响度模型以1 ms作为时域掩蔽时间常数。瞬时响度描述的是在非常短的时间内的听觉神经测量。瞬时响度的计算与稳态响度模型中的整体响度计算类似，不同的是它与时间变量有关，而稳态响度模型与时间变量无关。

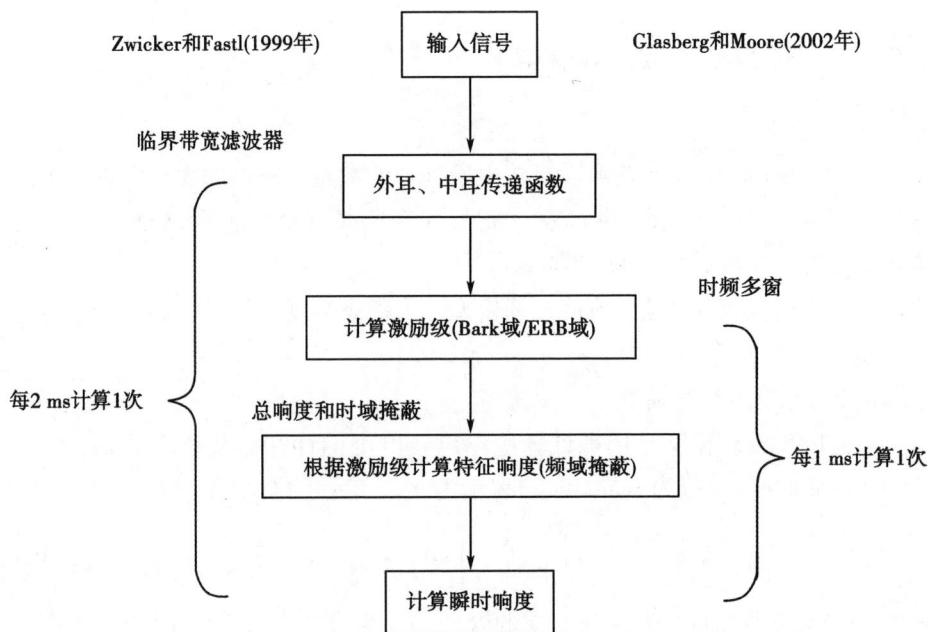

图2.8 时变响度计算流程图

2.5.1.2 尖锐度

尖锐度(Sharpness)反映的是人在听音时感受到的刺耳程度，其能客观地反映声音信号的音色特性。尖锐度主要与声音的中心频率、带宽、功率和频谱包络有关。尖锐度的单位是acum。

尖锐度一般采用Bark域特征频带的特征响度加权积分与总响度的比值进行计算，其计算公式如下[127]：

$$S = k_2 \frac{\int_0^{24} N'(z) g(z) \, \mathrm{d}z}{\int_0^{24} N'(z) \, \mathrm{d}z} \tag{2.38}$$

式中，$k_2 = 0.11$ 为加权系数，$g(z)$ 代表不同 Bark 域特征频带下的附加系数，可以表示为

$$g(z) = \begin{cases} 1, & z \leqslant 16 \\ 0.066e^{0.171z}, & z > 16 \end{cases} \tag{2.39}$$

2.5.1.3　噪声的调制特性

声音信号在时域上的起伏主要是由调制引起的。被调制的声音给听众带来两种不同的听觉感受，分别为波动度（Fluctuation Strength）和粗糙度（Roughness）。

（1）波动度

波动度所对应的调制频率是 0.25 ~ 20 Hz，因此波动度适合评价 20 Hz 以下的调制频率的声音。其单位为 vacil。当调制频率为 4 Hz 时，波动度最大。

目前，波动度的计算常采用 Zwicker 和 Fastl 提出的计算公式[127]：

$$F = \frac{0.008 \int_0^{24} \Delta L_{\mathrm{E}}(z) \, \mathrm{d}z}{f_{\mathrm{mod}}/f_0 + f_0/f_{\mathrm{mod}}} \tag{2.40}$$

式中，f_{mod} 为调制频率；$\Delta L_{\mathrm{E}}(z)$ 为调制深度对频率的函数，也称为掩蔽深度；f_0 为调制基频，$f_0 = 4$ Hz。

波动度计算模型如图 2.9 所示。

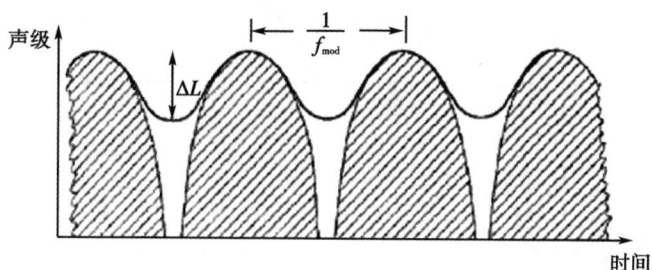

图 2.9　波动度计算模型

（2）粗糙度

粗糙度所对应的调制频率是 20 ~ 300 Hz，其单位为 asper。当调制频率为 70 Hz 时，粗糙度达到最大。粗糙度的计算公式如下：

$$R = 0.3 f_{\mathrm{mod}} \int_0^{24} \Delta L_{\mathrm{E}}(z) \, \mathrm{d}z \tag{2.41}$$

掩蔽深度 $\Delta L_E(z)$ 可以根据特征响度的变化量来计算：

$$\Delta L_E(z) = 20\log_{10}\left(\frac{N'_{\max}(z)}{N'_{\min}(z)}\right) \tag{2.42}$$

式中，$N'_{\max}(z)$ 为特征频带内的最大特征响度，$N'_{\min}(z)$ 为特征频带内的最小特征响度。

图 2.10~图 2.12 分别为两艘实测舰船地震波信号的功率谱密度、特征响度图和特征尖锐度。

从图 2.11(a)中可以看到，贡献最大的响度在第 2Bark 域，与图 2.10(a)对比可知，此 Bark 域对应信号功率最大的频段。从图 2.11(b)中可以看到，贡献最大的响度在第 5Bark 域，与图 2.10(b)对比可知，此 Bark 域对应信号功率最大的频段。可见，特征响度反映了信号的频谱分布。

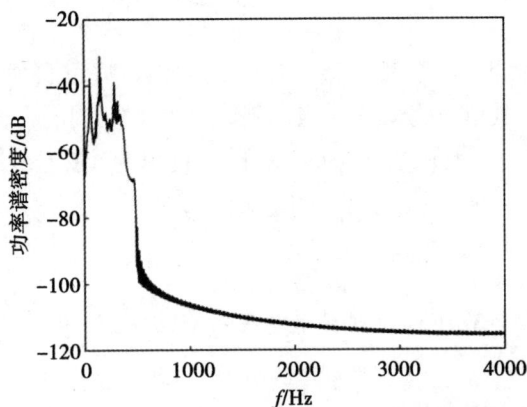

(a)第一类信号

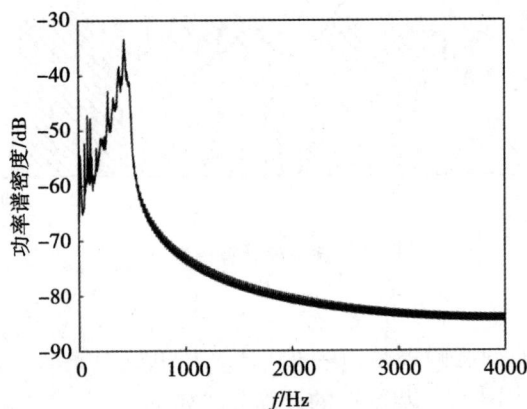

(b)第二类信号

图 2.10　两类信号功率谱密度图

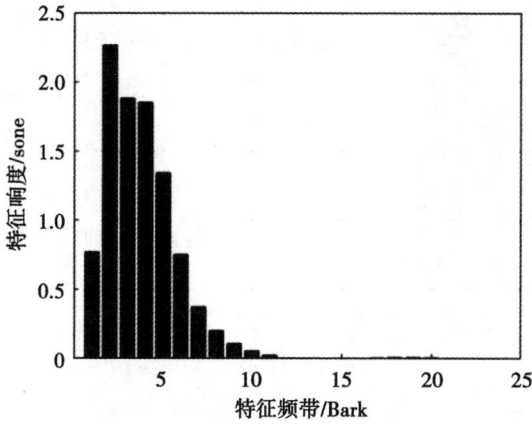

(a)第一类信号

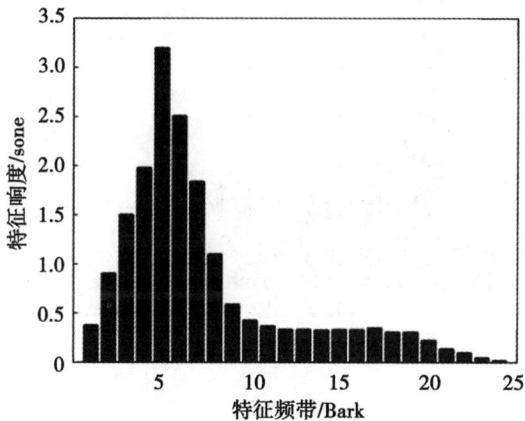

(b)第二类信号

图 2.11　两类信号特征响度图

　　由图 2.12(a)可知,尖锐度较大的值集中在低频段,在高频段尖锐度值较小。由图 2.12(b)可知,尖锐度较大的值虽然集中在低频段,但是其在高频段的尖锐度值相对图 2.12(a)中高频段的尖锐度值大。

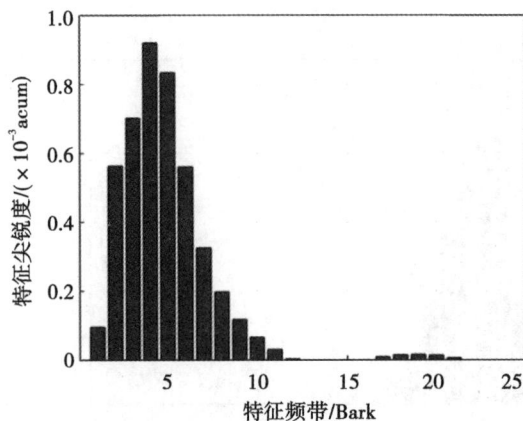

（a）第一类信号

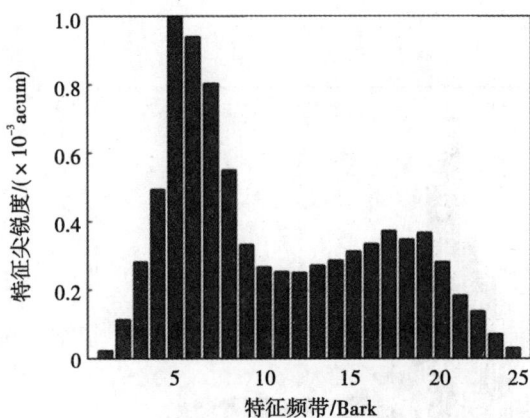

（b）第二类信号

图 2.12　两类信号特征尖锐度图

图 2.13 和图 2.14 所示分别为两类信号的总响度对比图和总尖锐度对比图。由两图可知，第一个信号的总响度小于第二个信号的总响度，且第一个信号尖锐度小于第二个信号的尖锐度，这与听测结果是一致的。

对上述实测船信号进行带通滤波，上、下截止频率分别为 450 Hz 和 1000 Hz，此时信号存在明显的节奏声。根据两类实测船信号的调制频率范围计算出特征波动度，如图 2.15 所示。

从图 2.15 中可以看到，两类信号的特征调制度不同。由此可知，可以对调制连续谱提取调制特性参数来作为区分不同舰船目标的特征。

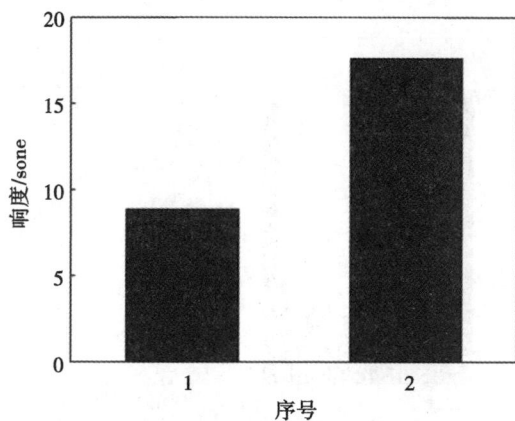

图 2. 13　两类信号总响度对比

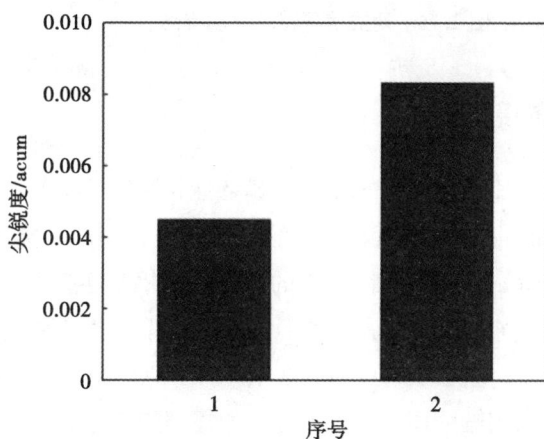

图 2. 14　两类信号的总尖锐度对比

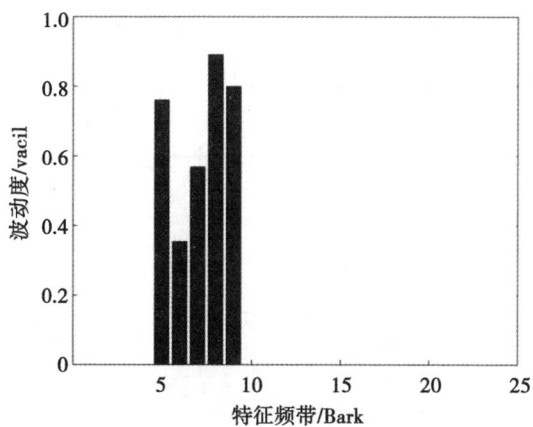

（a）第一类信号

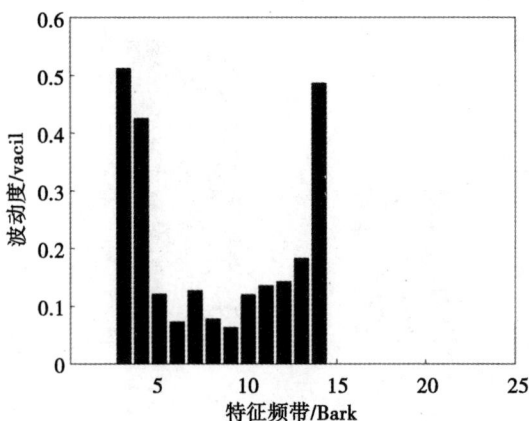

（b）第二类信号

图 2.15　两类信号特征波动度图

2.5.2　听觉滤波器模型

听觉滤波器模拟了耳蜗基底膜的频率分解特性和尖锐的滤波特性。听觉滤波器模型中的 Gammatone 滤波器组和 Mel 滤波器组是常用的听觉滤波器模型。如图 2.16（a）~ 图 2.16（c）所示，不同频率的声音在耳蜗基底膜上产生共振的位置不同，声音的强度不同，共振的幅度也不同，因此耳蜗基底膜具有频率分解特性和尖锐的滤波特性。图 2.16（d）和图 2.16（e）分别给出了 Gammatone 滤波器组和 Mel 滤波器组的幅频响应。Gammatone 滤波器组由于能够很好地模拟耳蜗基底膜的滤波特性而被广泛应用于听觉特征参数提取和声音信号合成等领域；Mel 滤波器组由于具有严格的带限，即具有滚降时间快的滤波效果，而常被用于信号的特征提取，在 MFCC 参数及 MFCC 参数的变形中被广为应用。

Gammatone 滤波器组和 Mel 滤波器组的幅频响应公式如下。

（1）Gammatone 滤波器组

在特征频率 f_c 处的 Gammatone 滤波器组的幅频响应为[128]

$$H(f) \approx kP(f), f \geqslant 0 \tag{2.43}$$

其中，

$$k = \frac{c(n-1)! (2\pi b)^{-n}}{2} \tag{2.44}$$

$$P(f) = e^{i\phi} \left[1 + \frac{i(f-f_c)}{b} \right]^{-n} \tag{2.45}$$

式中, ϕ 为初始相位, 由于人耳对信号的相位不敏感, 通常将 ϕ 设为 0; f_c 为滤波器的特征频率; b 为滤波器的等效带宽; n 是滤波器的阶数, 控制着滤波器包络的相对形状, 当 b 固定时, n 越大, 滤波器的侧斜越小, 一般取 $n=4$。

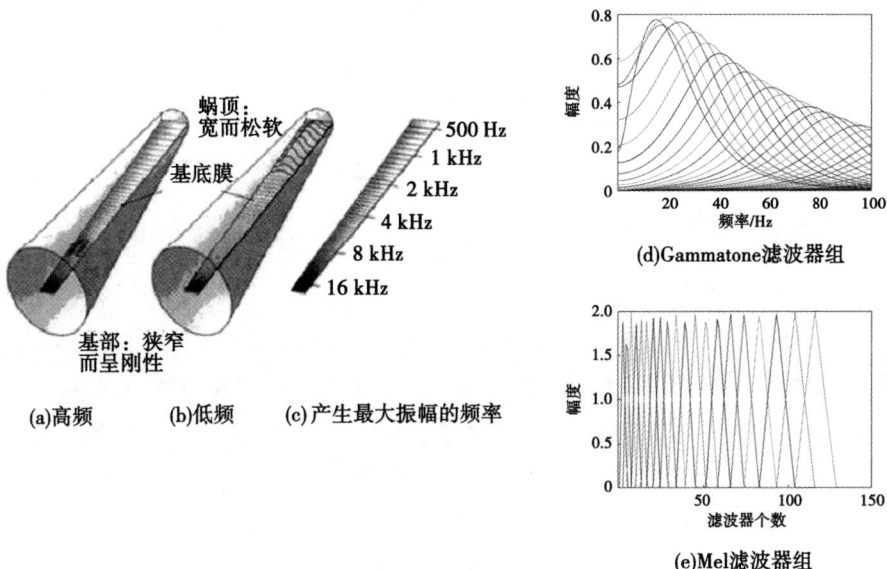

图 2.16　听觉滤波器模型频率响应

b 与 f_c 的关系为

$$b(f_c) = 1.019(24.7+0.108f_c) \tag{2.46}$$

（2）Mel 滤波器组

Mel 滤波器实际是三角形带通滤波器。Mel 滤波器组的幅频响应 $H_m(k)$ 为[129]

$$H_m(k) = \begin{cases} 0, & k \leqslant f_{l_m} \\ \dfrac{k-f_{l_m}}{f_{c_m}-f_{l_m}}, & f_{l_m} \leqslant k \leqslant f_{c_m} \\ \dfrac{f_{h_m}-k}{f_{h_m}-f_{c_m}}, & f_{c_m} \leqslant k \leqslant f_{h_m} \\ 0, & k > f_{h_m} \end{cases} \tag{2.47}$$

式中, f_{l_m}、f_{c_m} 和 f_{h_m} 分别为 Mel 滤波器的上截止频率、中心频率和下截止频率, m 为 Mel 滤波器组的序号。

Mel 滤波器的个数设为 M，Mel 滤波器的中心频率的计算公式为

$$f_{c_m} = \left(\frac{N}{f_s}\right) B^{-1}\left[B(f_{l_m}) + m\frac{B(f_{h_m}) - B(f_{l_m})}{M+1}\right] \qquad (2.48)$$

式中，f_s 为采样频率，N 为样本采样点数，B^{-1} 为 B 的反函数。

B 的计算公式如下：

$$B(f) = 1125\ln\left(\frac{f}{700} + 1\right) \qquad (2.49)$$

◆ 2.6 本章小结

本章首先给出了舰船地震波线谱和调制连续谱的频率范围及相应的信号模型；其次分析了舰船地震波的线谱极化特性，在地震波极化分析方法的研究中发现奇异值分解方法相比特征值分解方法更适用于单频信号；再次给出了舰船地震波信号统计量计算方法，为舰船地震波信号极化特性的应用奠定理论基础；最后给出了舰船地震波信号听觉计算模型，通过实测数据分析了心理声学参数对于舰船地震波信号的适用性。本章所涉及的理论能够为后续章节提供理论基础。

第3章 舰船地震波信号极化特性分析
与线谱检测研究

◆> 3.1 引 言

极化滤波方法被广泛应用于光学、电磁学和地震勘探领域。舰船地震波具有极化特性，该特性是独立于矢量信号的幅度、频率和相位的又一特性，在水声领域目前没有被广泛研究。线谱谱级通常比连续谱谱级高，是检测和识别舰船目标的重要依据。

本章主要研究内容如下。首先，对地震波线谱信号进行建模。其次，利用极化分析方法对线谱信号的极化特性进行分析，提出频域极化度参数，并对适用于线谱信号的极化参数进行选取。再次，研究线谱极化滤波算法，分析极化滤波函数的影响因素，并对线谱极化滤波算法进行仿真分析。根据极化滤波函数影响因素，研究四阶累积量极化分析方法和多重自相关极化分析方法，以及相应的线谱极化滤波算法，并对相应的算法进行仿真分析。最后，利用海上实验数据进一步验证所提出算法的有效性。

◆> 3.2 地震波线谱信号模型

由于接收到的舰船地震波的能量以表面波传播的能量为主[10, 12]，采用 Soren Anderson 等对 Rayleigh 表面波信号的建模方法，则三通道地震传感器实际接收到的信号模型为

$$s(t) = A \begin{bmatrix} \cos\phi\cos\theta\cos(2\pi f_0 t + \varphi) \\ \cos\phi\sin\theta\cos(2\pi f_0 t + \varphi) \\ -\sin\phi\sin(2\pi f_0 t + \varphi) \end{bmatrix} \tag{3.1}$$

从式(3.1)中可以看出，x，y 两个通道的信号为余弦函数，z 通道的信号为正弦函数；z 通道的信号与 x，y 两个通道信号的相位差为 $\pi/2$。x，y，z 三个通道接收到的信号也可以写为

$$\begin{cases} s_x(t) = A_x\cos(2\pi f t + \varphi_x) \\ s_y(t) = A_y\cos(2\pi f t + \varphi_y) \\ s_z(t) = A_z\cos(2\pi f t + \varphi_z) \end{cases} \tag{3.2}$$

式中，A_x，A_y，A_z 分别为 x，y，z 三个通道信号的幅度；f 为信号的频率；φ_x，φ_y，φ_z 分别为三个通道信号的初始相位。

因此，$s(t)$ 可以表示为

$$s(t) = is_x(t) + js_y(t) + ks_z(t) \tag{3.3}$$

式中，i，j，k 为笛卡儿坐标系中的单位矢量。

$s(t)$ 可以用有功分量 s_{ac} 和无功分量 s_{reac} 表示：

$$s_{ac} = iA_x\cos\varphi_x + jA_y\cos\varphi_y + kA_z\sin\varphi_z \tag{3.4}$$

$$s_{reac} = iA_x\sin\varphi_x + jA_y\sin\varphi_y + kA_z\cos\varphi_z \tag{3.5}$$

从式(3.4)和式(3.5)中可以看出，两式只与不同通道信号间的初相位有关，与时间无关，$s(t)$ 的质点运动轨迹由在给定场点处的矢量 s_{ac} 和 s_{reac} 所确定的，运动轨迹为椭圆。

考虑到实际接收时有海洋环境噪声存在，三通道地震传感器接收到的信号表示为

$$r(t) = s(t) + n(t) \tag{3.6}$$

式中，$n(t)$ 为噪声矩阵。

假设三个通道的噪声均为零均值加性高斯白噪声，方差为 σ_n^2，那么三通道的噪声方差 σ_{nx}^2，σ_{ny}^2，σ_{nz}^2 为 $\sigma_{nx}^2 = \sigma_{ny}^2 = \sigma_{nz}^2 = \sigma_n^2/3$。由于不同通道间的随机噪声在给定场点处的相位差是不固定的，因此，随机噪声的质点运动轨迹是杂乱无章的，不具有固定的偏振方向。

仿真一段信号，信号频率为 60 Hz，幅度为 1 V，初始相位为 60°，采样频率为 2000 Hz，时长为 10 s，ϕ 为 30°，方位角 θ 为 30°。图 3.1 和图 3.2 所示分别为三通道信号的时域波形和相应的质点运动轨迹。从图 3.2 中可以看到，质点

运动轨迹为椭圆。

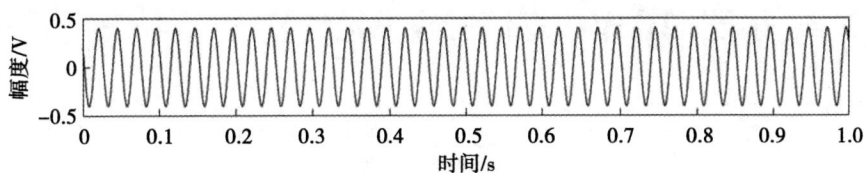

(a) x 通道信号时域波形

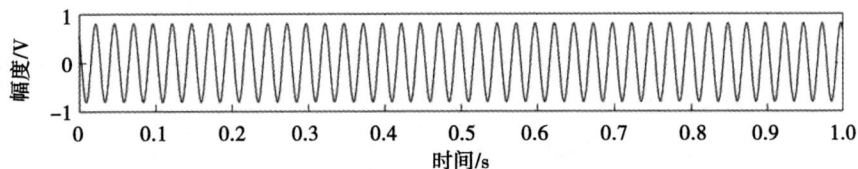

(b) y 通道信号时域波形

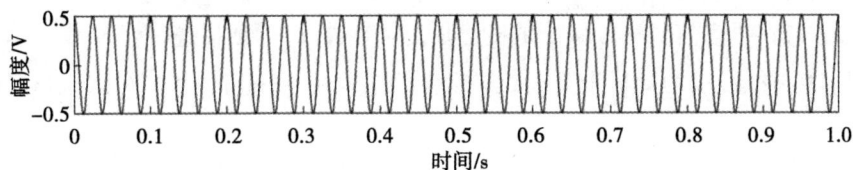

(c) z 通道信号时域波形

图 3.1 三通道时域波形

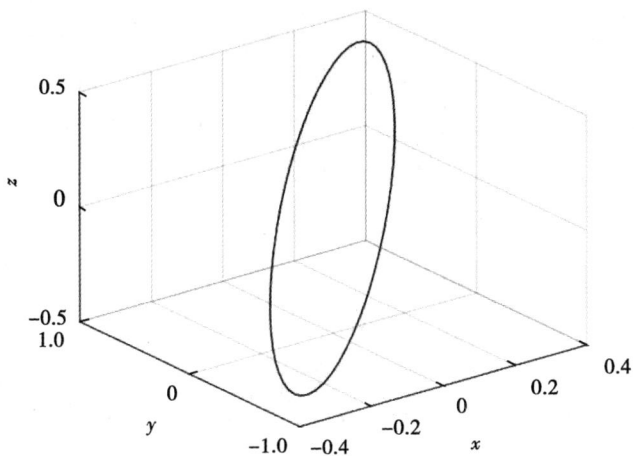

图 3.2 信号的椭圆轨迹

◆ 3.3 舰船地震波线谱信号极化特性分析

利用频域极化分析方法对舰船地震波线谱信号进行极化特性分析。对地震传感器接收到的信号 $r(t)$ 进行傅里叶变换，得到正频率轴的频域矩阵为

$$R(f) = S(f) + N(f)$$

$$= \begin{bmatrix} A_1 \\ A_2 \\ A_3 \end{bmatrix} \delta(f-f_0) + N(f) \tag{3.7}$$

式中，$R(f)$ 为频谱矩阵，$S(f)$ 为信号频谱矩阵，$N(f)$ 为噪声频谱矩阵，A_1、A_2 和 A_3 分别对应各通道信号在频域的幅值。

为了得到线谱信号在频域上的极化信息，对 $R(f)$ 逐频带进行奇异值分解。设频率 f 为中心，Δ 为分析带宽，Δ 分析带宽内所对应的矩阵为 $R_\Delta(f)$，则对其奇异值分解有

$$R_\Delta^{\mathrm{T}}(f) = UDV^{\mathrm{T}} = \sum_{m=1}^{3} d_m u_m v_m^{\mathrm{T}} = \sum_{n=1}^{3} E_n \tag{3.8}$$

式中，$R_\Delta^{\mathrm{T}}(f)$ 为 $R_\Delta(f)$ 的转置，Δ 内的频率单元数设为 N，那么 $R_\Delta^{\mathrm{T}}(f)$ 为 $N \times 3$ 的矩阵；D 为 $N \times 3$ 的对角矩阵，设 $i = 1, \cdots, N, j = 1, \cdots, 3$，那么 $D_{ij} = 0, i \neq j$；$D_{jj} = d_j$，是 $R_\Delta^{\mathrm{T}}(f)$ 的奇异值，由大到小排列，分别对应 $R_\Delta(f) R_\Delta^{\mathrm{T}}(f)$ 特征值 λ_1、λ_2 和 λ_3 的平方根；$R_\Delta(f) R_\Delta^{\mathrm{T}}(f)$ 称作交叉能量矩阵，其实这里的交叉能量矩阵就是协方差矩阵；$V = [v_1, v_2, v_3]$ 是 3×3 的酉矩阵，$v_n (n = 1, 2, 3)$ 为列向量，对应 $R_\Delta^{\mathrm{T}}(f) R_\Delta(f)$ 的特征向量，相应的奇异值分别对应特征向量方向上的数据能量大小，其中 v_1 是极化矢量；U 为 $N \times N$ 的酉矩阵，$u_n (n = 1, 2, 3)$ 为列向量，对应 $R_\Delta(f) R_\Delta^{\mathrm{T}}(f)$ 的特征向量；$E_n = d_n u_n v_n$ 为 $N \times 3$ 的矩阵，为分析带宽 Δ 内矩阵的"特征图像"，描述了 x, y, z 三通道信号频谱的主成分。

下面根据奇异值的定义计算式(3.8)的奇异值。

奇异值的定义如下：设矩阵 $A \in C_r^{m \times n}$，且 $A^{\mathrm{T}} A$ 的特征值 λ 为 $\lambda_1 \geqslant \lambda_2 \geqslant \cdots \geqslant \lambda_r > \lambda_{r+1} = \cdots = \lambda_m = 0$，称 $\sigma_i = \sqrt{\lambda_i} (i = 1, \cdots, r)$ 为 A 的奇异值。说明：A 的奇异值个数为 A 的秩，并且 A 与 A^{T} 有相同的奇异值。

当数据样本无限长时，如果分析带宽内只有噪声存在，由于各通道噪声互

不相关, 那么两两通道内数据的协方差为 0, 因此有

$$R_\Delta(f) R_\Delta^{\mathrm{T}}(f) = N_\Delta(f) N_\Delta^{\mathrm{T}}(f) = \begin{bmatrix} d_{n,1}^2 & 0 & 0 \\ 0 & d_{n,2}^2 & 0 \\ 0 & 0 & d_{n,3}^2 \end{bmatrix} \quad (3.9)$$

由此可知, 此时 $R_\Delta^{\mathrm{T}}(f)$ 的奇异值 $d_{n,1}$, $d_{n,2}$, $d_{n,3}$ 为该分析带宽内各通道噪声的能量开根号。由于各通道噪声的能量为噪声总能量的 1/3, 因此有 $d_{n,1} \approx d_{n,2} \approx d_{n,3}$。

如果分析带宽内只有线谱信号存在, 除了线谱信号所在频点序号处有非零值, 其他频点处均为 0, 设线谱信号所在的频点序号为 k, 那么

$$R_\Delta^{\mathrm{T}}(f) R_\Delta(f) = S_\Delta^{\mathrm{T}}(f) S(f) = C \quad (3.10)$$

式中, C 为 $N \times N$ 的矩阵, 其中的元素为 $c_{m,n}$。

当 $m \neq k$, $n \neq k$ 时, 有

$$c_{m,n} = 0 \quad (3.11)$$

当 $m = n = k$ 时, 有

$$c_{m,n} = A_1^2 + A_2^2 + A_3^2 \quad (3.12)$$

则此时 $R_\Delta^{\mathrm{T}}(f)$ 存在一个非零奇异值为

$$d_{s,1} = \sqrt{A_1^2 + A_2^2 + A_3^2} \quad (3.13)$$

由此可知, 在线谱信号所在的分析带宽内, 只有在 v_1 方向上有能量, v_2 和 v_3 方向上所对应的能量为 0, 因此, 线谱信号的能量分布在一条直线上, 即线谱信号的各频点频谱幅值分布在一条直线上。该分析结果与本书 2.3.1 节中对实际数据各频点频谱幅值分布的分析结果是一致的。当在线谱信号所在的分析带宽内考虑噪声存在时, 由于线谱信号和噪声互不相关, 此时的奇异值为 $d_1 = d_{s,1} + d_{n,1}$, $d_2 = d_{s,2} + d_{n,2}$, $d_3 = d_{s,3} + d_{n,3}$, 有 $d_1 = \sqrt{A_1^2 + A_2^2 + A_3^2} + d_{n,1}$, $d_2 \approx d_3$。

由于实际接收到的数据为有限长, 噪声频带内两两通道内的数据的协方差不为 0, 并且考虑线谱信号分析带宽内噪声的存在, $c_{m,n}(m \neq k, n \neq k)$ 也不为 0, 因此在分析带宽内始终有 $d_1 > d_2 > d_3$ 的关系存在, 不能利用式 (2.19) 反映数据的极化程度。

为了叙述方便, 将分析带宽内存在线谱时所对应的频带称为线谱所在频带, 将分析带宽内只存在噪声时所对应的频带称为噪声频带, 以下不再赘述。图 3.3 为利用式 (2.19) 求得的极化度。仿真信号频率为 42 Hz, 线谱信号的幅

度为 1 V，初始相位为 60°，采样频率为 2000 Hz，时长为 10 s，ϕ 为 30°，方位角 θ 设为 30°，信噪比为 30 dB，在 47~48 Hz 处存在方差为 1.5 的高斯色噪声。

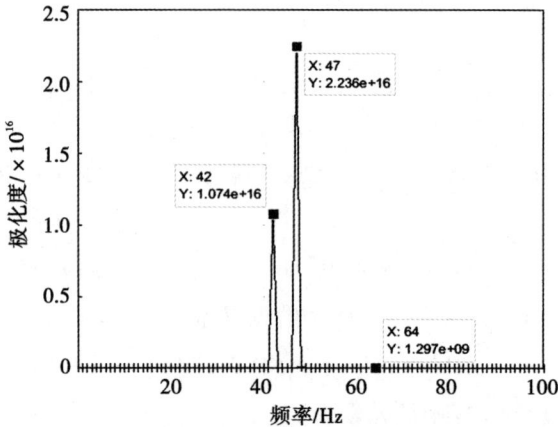

图 3.3　极化度

从图 3.3 中可以看出，利用式(2.19)得到的高斯色噪声处的极化度值远大于线谱所在频带内的极化度值，并且线谱所在频带内的极化度值和噪声频带内的极化度值不在 0~1。这与上述的结论是一致的。因此，需要在频域选取一种反映线谱信号和噪声极化程度的极化参数。

根据线谱信号各频点频谱幅值分布接近一条直线的特点，下面在主轴直线性、次轴直线性、平面性等极化参数中选取一种适合反映线谱信号极化程度的频域极化参数。

不考虑图 3.3 中数据的高斯色噪声的存在，三通道信号的时域波形和傅里叶变换后的频谱分别如图 3.4 和图 3.5 所示。图 3.6 分别给出线谱信号在时域的质点运动轨迹和相应的各频点频谱幅值分布图。其中，图 3.6(a)为线谱信号在时域的质点运动轨迹；图 3.6(b)为线谱信号各频点频谱幅值分布图；图 3.6(c)为线谱所在频带内各频点频谱幅值分布图，带宽为 1 Hz；图 3.6(d)为随机抽取的噪声频带内各频点频谱幅值分布图，带宽为 1 Hz。

从图 3.6(a)中可以看到，线谱信号在时域的质点运动轨迹为一个椭球，由于受到噪声的影响，质点运动轨迹较杂乱，不能很好地反映线谱信号的极化特性。

从图 3.6(b)中可以看出，线谱信号的各频点频谱幅值分布的一端较杂乱，另外一端存在一点，该点的坐标为(2995，6465，3.64)；整个分布范围在 $x \in$ [-1000，3000]，$y \in$ [-5000，10000]，$z \in$ [-100，150]。

从图 3.6(c)中可以看出,在线谱所在频带内,各频点频谱幅值分布接近一条直线,这与式(3.13)的分析结果一致,反映出线谱信号的极化特性。其中,直线一端的端点位置与图 3.6(b)中的一端端点位置相同,该端点坐标为(2995,6465,3.64);直线另一端的图形较杂乱,这是线谱信号频带内的噪声导致的。

从图 3.6(d)中可以看出,在噪声频带内,各频点频谱幅值分布的范围在 $x \in [-100, 100]$, $y \in [-100, 150]$, $z \in [-100, 150]$,与图 3.6(c)中较杂乱的一端范围接近,由此可以证明该部分是由噪声引起的。从图 3.6(c)和图 3.6(d)中可以看出,噪声频带内频谱幅值分布较杂乱,能量分布较分散,这是噪声的随机性造成的。

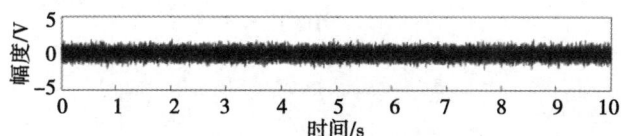

(a) x 通道信号时域波形

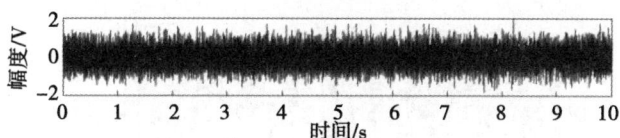

(b) y 通道信号时域波形

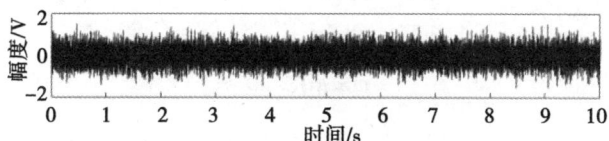

(c) z 通道信号时域波形

图 3.4　三通道地震波信号时域波形

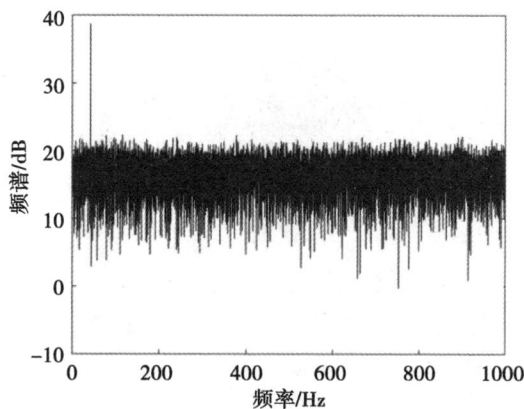

(a) x 通道

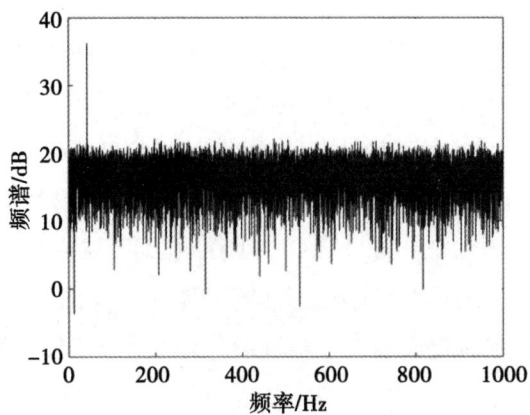

(b)y 通道

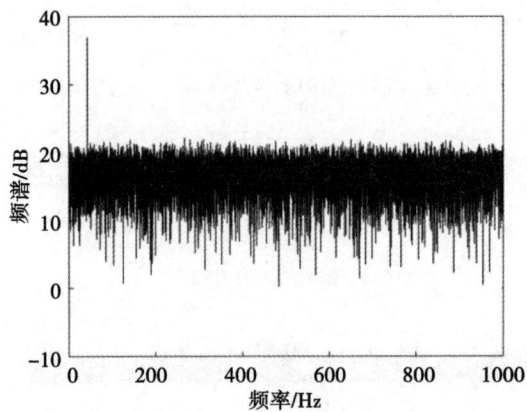

(c)z 通道

图 3.5　三通道信号频谱

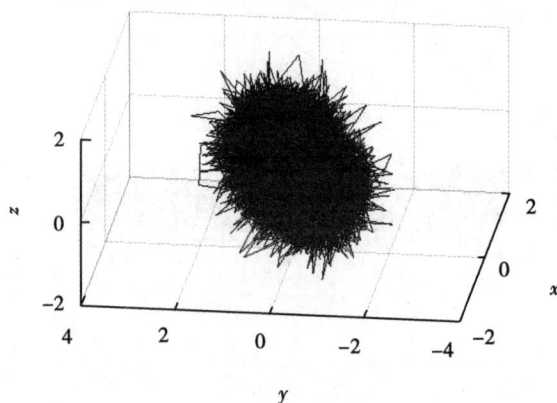

(a)时域质点运动轨迹

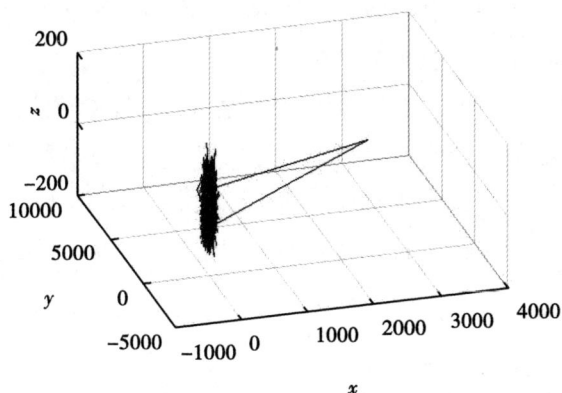

(b)线谱信号各频点频谱幅值分布图

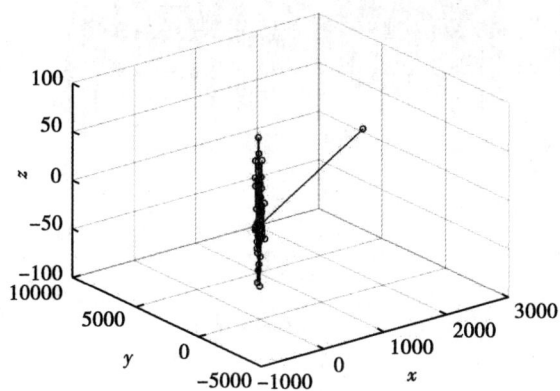

(c)线谱所在频带内各频点频谱幅值分布图

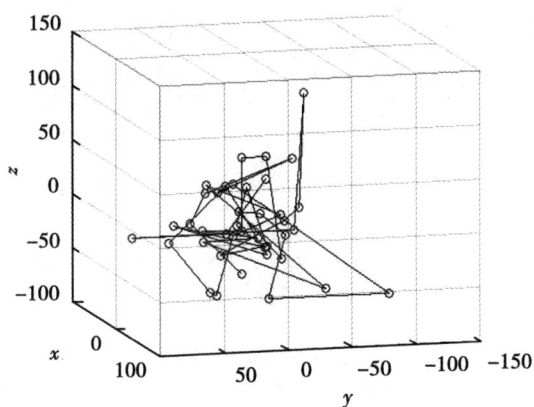

(d)噪声频带内各频点频谱幅值分布图

图 3.6　仿真信号的时域质点运动轨迹和各频点频谱幅值分布

对图 3.6 中的频谱提取主轴直线性参数、次轴直线性参数和平面性参数，分析带宽为 1 Hz，结果见图 3.7~图 3.9。

从图 3.7 中可以看出，42 Hz 频率处的主轴直线性参数值约为 1，噪声频带内主轴直线性参数值的均值约为 0.71，与频带内的主轴直线性参数值较接近，且噪声频带内的主轴直线性参数值方差较大。可见，利用主轴直线性参数没有很好地反映线谱信号和噪声的极化程度。从图 3.8 中可以看出，次轴直线性参数没有提取出线谱信号的极化信息。

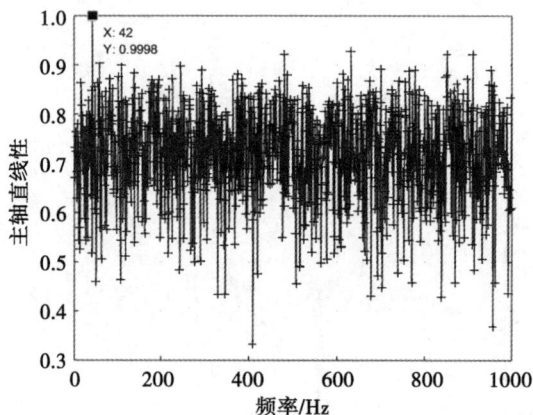

图 3.7　主轴直线性

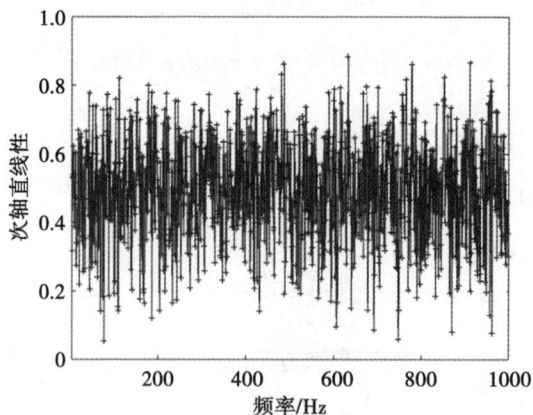

图 3.8　次轴直线性

从图 3.9 中可以看出，42 Hz 频率处平面性参数值约为 1，但是噪声频带内平面性参数值的均值约为 0.63，噪声频带内平面性参数值较大，且其方差也较大。可见，利用平面性参数没有很好地反映出线谱信号和噪声的极化程度。

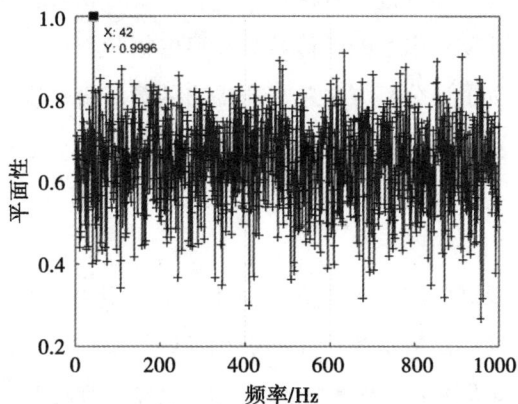

图 3.9　平面性

由于线谱信号各频点频谱幅值分布图形接近一条直线，能量集中在奇异值的最大值 d_1 和中值 d_2 上，因此利用奇异值的最大值 d_1 和中值 d_2 定义极化度，将其称为频域极化度，表达式为

$$\eta_f = \frac{(d_1 - d_2)^2}{(d_1 + d_2)^2} \tag{3.14}$$

从式(3.14)中可以看出，一定信噪比下，在线谱信号分析带宽内，$d_1 \gg d_2$，有 $\eta_f \approx 1$；在噪声分析带宽内，虽然 $d_1 > d_2$，但 d_1 和 d_2 较接近，有 $\eta_f \approx 0$。η_f 在 $0 \sim 1$。

图 3.10 为对图 3.3 中的信号利用式(3.14)计算得到的频域极化度。

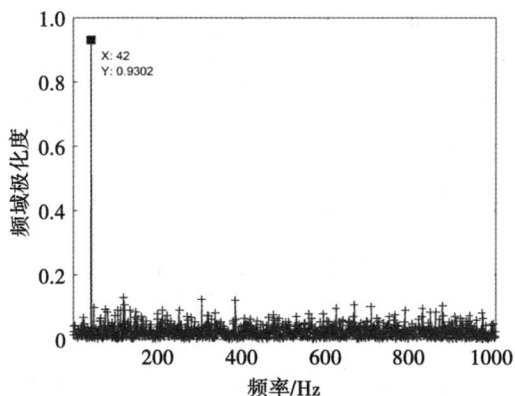

图 3.10　频域极化度

从图 3.10 中可以看出，42 Hz 频率处的频域极化度值约为 0.93，高斯白噪声和高斯色噪声频带内的频域极化度值均较小，均值为 0.02。由此可知，所提出的频域极化度很好地反映出了线谱信号和噪声的极化程度。

下面采用蒙特卡罗统计分析方法验证所提出的频域极化度参数对线谱信号的适用性。在蒙特卡罗试验中，将主轴直线性、次轴直线性、平面性、奇异值的最小值和最大值定义的极化度、奇异值的中值和最大值定义的极化度（频域极化度）的提取结果进行对比。

为了获知蒙特卡罗试验次数是否会对以上 5 种极化参数的提取产生影响，分别在不同蒙特卡罗试验次数下统计 5 种极化参数的提取结果，见图 3.11。信号的仿真条件与图 3.4 的相同，信噪比为 15dB，蒙特卡罗试验次数为 50~1000次，分析步长为 50 次，极化参数的分析带宽均为 1Hz。其中，图 3.11(a) 为线谱所在频带内的极化参数值统计结果，图 3.11(b) 为噪声频带内的极化参数均值统计结果。

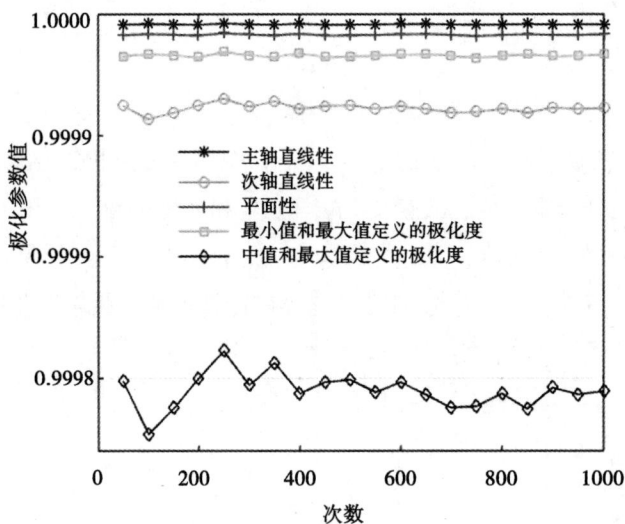

（a）线谱所在频带内的极化参数值

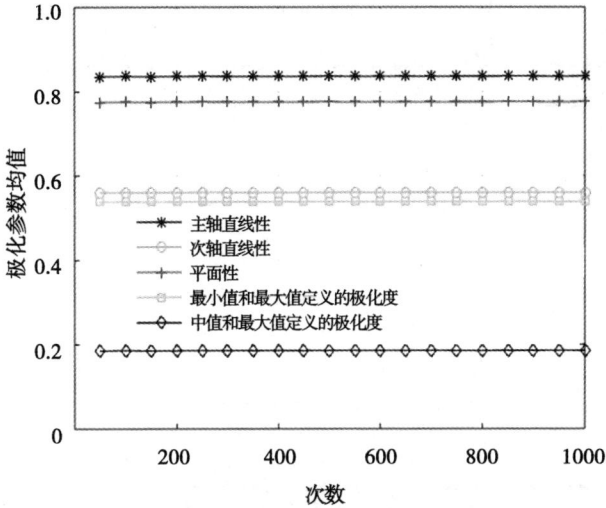

（b）噪声频带内的极化参数均值

图 3.11　蒙特卡罗试验次数不同时 5 种极化参数提取统计结果

从图 3.11 中可以看到，在不同试验次数下，线谱所在频带内的 5 种极化参数值和噪声频带内 5 种极化参数均值在一定范围内均趋于稳定，遵循强大数定律，因此可以利用其中的蒙特卡罗试验次数对极化参数进行提取。

为了进一步说明所提出的频域极化度参数的有效性，给出了不同信噪比下 500 次蒙特卡罗试验提取出的 5 种极化参数的统计结果，极化参数的分析带宽均为 1 Hz，见图 3.12。其中，图 3.12（a）为线谱所在频带内的极化参数值，图 3.13（b）为噪声频带内的极化参数均值，图 3.12（c）为线谱所在频带内的极化参数值和噪声频带内极化参数均值的比值。

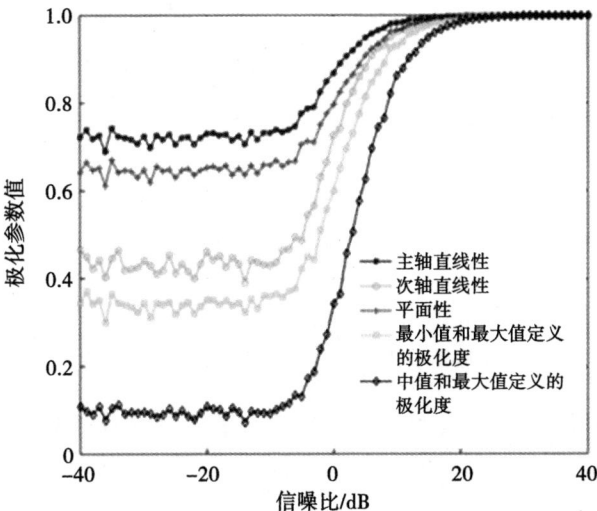

（a）线谱所在频带内的极化参数值

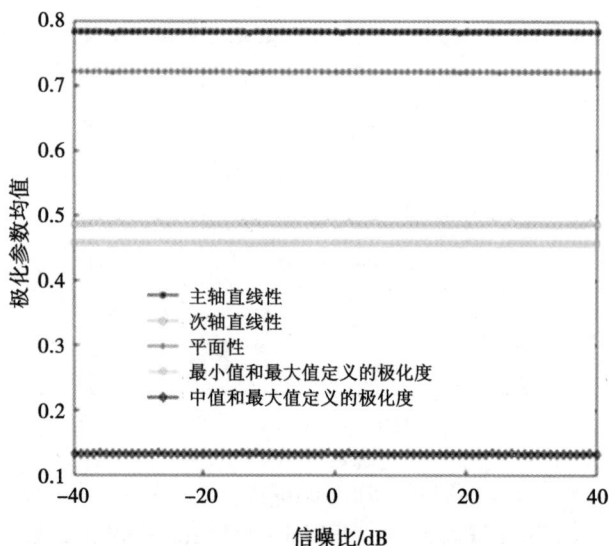

（b）噪声频带内的极化参数均值

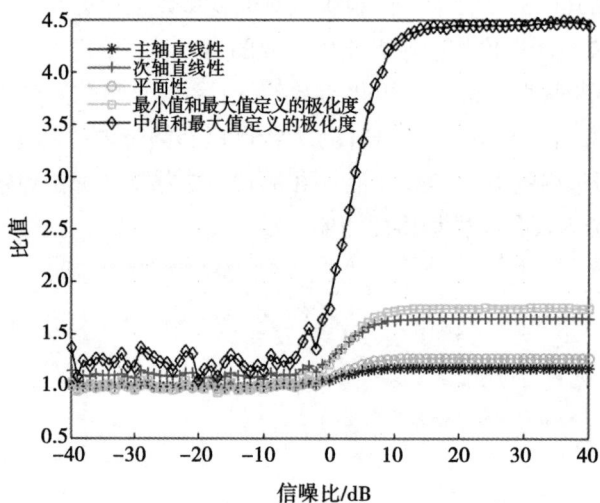

（c）线谱所在频带内的极化参数值和噪声频带内极化参数均值的比值

图 3.12　不同信噪比下 5 种极化参数提取统计结果

从图 3.12(a)中可以看到，线谱所在频带内的极化参数值和噪声频带内的极化参数均值在 0~1。当信噪比小于 20 dB 时，其值由大到小分别是主轴直线性、平面性、次轴直线性、由奇异值的最小值和最大值计算得到的极化度、频域极化度参数，随着信噪比的减小，主轴直线性和平面性大于 0.5；当信噪比大于 20 dB 时，随着信噪比的增大，5 种极化参数值趋近于 1。由对图 3.8 的分析可知，次轴直线性不能保证每次都能反映线谱信号和噪声的极化程度，这是因为线谱信号的频域运动轨迹是一条直线，能量主要集中在奇异值的中值和最大值上。

从图 3.12(b)中可以看到，噪声频带内的 5 种极化参数提取的噪声极化参数均值不随信噪比的改变而改变，这是因为极化分析方法是统计分析方法，与分析带宽内噪声的能量无关。提取的噪声频带内的极化参数均值从大到小分别是主轴直线性、次轴直线性、平面性、由奇异值的最小值和最大值计算得到的极化度、本书所提出的频域极化度参数。其中，主轴直线性和平面性大于 0.5，不能很好地反映噪声的极化程度。

从图 3.12(c)中可以看到，当信噪比大于 -6 dB 时，所提出的频域极化度所对应的比值远远大于其他 4 种极化参数所对应的比值。

由以上分析可知，可以利用本书所提出的频域极化度来反映线谱信号和噪声的极化特性。当地震传感器的通道个数为 2 时，只能获得两个奇异值。根据线谱信号各频点频谱幅值分布图形接近一条直线的特点，式(3.14)同样可以用来反映线谱信号和噪声的极化程度。将上述频域极化分析方法称为直接利用傅里叶变换的极化分析方法。

◆◇ 3.4　线谱极化滤波算法

从对 3.3 节的分析可知，利用线谱信号和噪声在极化特性上的差异，应用式(3.14)可以很好地在频域反映线谱信号和噪声的极化程度。因此，在一定信噪比下可以利用所提出的频域极化度作为权值对频谱进行加权，即极化滤波。本节提出线谱极化滤波算法。

所提出的线谱极化滤波算法的主要思想如下：一方面，根据线谱信号各频点频谱幅值分布的图形接近一条直线的特点，用频谱矩阵奇异值的最大值所对应的特征图像来表征线谱信号；另一方面，根据线谱信号与噪声在极化特性上的差异，构造极化滤波函数，对奇异值的最大值所对应的特征图像进行加权以重新构造线谱信号的极化强度，抑制噪声的强度，从而提高线谱信号的信噪比，所得的特征图像的两个分量即各通道的频谱。以下为具体实现过程。

① 取分析带宽内最大奇异值 σ_1 所对应的特征图像 $\boldsymbol{E}_1$，得到分析带宽内重构的频谱：

$$R_{j,\Delta}(f) = E_{j,1} \tag{3.15}$$

式中，j 为地震传感器通道的序号。

② 设整个频段内重构的频谱为 $R'_j(f)$，取其幅度的平方，再除以时域信号的样本点数 L，得到极化特征谱：

$$P_j(f) = \frac{1}{L} \mid R'_j(f) \mid^2 \tag{3.16}$$

③ 对功率谱取分贝值，得到功率谱 $P'_j(f)$。由于频域极化度在 0~1，为了避免利用频域极化度对功率谱进行极化滤波处理后功率谱在各个频率单元处的功率谱值的大小关系发生变化，所以对 $P'_j(f)$ 做正值处理，即将每个频率单元的功率谱值减去整个频带内功率谱值的最小值，使得整个功率谱的最小值为 0 dB，将正值处理结果设为 $P''_j(f)$。

④ 对分析带宽 Δ 内的频域极化度 η_f 做插值处理，得到每个频率单元上的极化滤波系数 $\eta_f(f)$。

⑤ 构造极化滤波函数。这里的滤波函数采用对 Perelberg 提出的锥形高斯函数的改进形式，公式如下[130]：

$$\varPhi(f) = \left[\eta_f(f)\right]^p \tag{3.17}$$

式中，p 为常数，该值一般取 1~4。

⑥ 利用极化滤波函数对极化特征谱加权，得到各个通道的极化滤波谱，公式如下：

$$P_{j,f}(f) = \varPhi(f) \cdot P''_j(f) \tag{3.18}$$

极化滤波算法流程如图 3.13 所示。

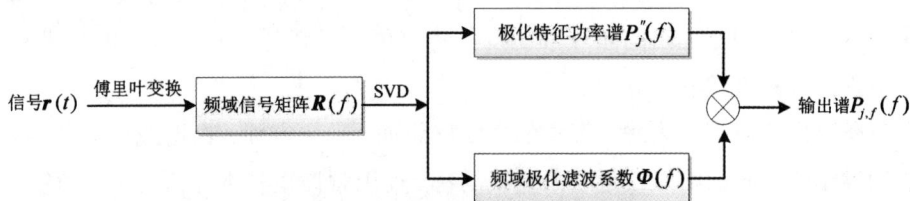

图 3.13　极化滤波谱算法流程图

各通道的二维/三维极化滤波谱处理增益为

$$\Delta SNR = SNR_{\text{out}} - SNR_{\text{in}}$$

$$= \left[\, \Phi_{\text{s}}(f) P_{\text{s}}''(f) - \overline{\Phi_{\text{n}}(f)}\ \overline{P_{\text{n}}''(f)} \,\right] - \left[\, P_{\text{s}}''(f) - \overline{P_{\text{n}}''(f)} \,\right] \tag{3.19}$$

式中，SNR_{in} 为特征谱的信噪比，SNR_{out} 为极化滤波谱的输出信噪比；$P_{\text{s}}''(f)$ 为线谱幅值，$\overline{P_{\text{n}}''(f)}$ 为噪声谱幅值的均值；$\Phi_{\text{s}}(f)$ 为线谱信号的极化滤波系数，$\overline{\Phi_{\text{n}}(f)}$ 为噪声谱极化滤波系数的均值。

当 $\Delta SNR > 0$，且 $\Phi_{\text{s}}(f)$，$\overline{\Phi_{\text{n}}(f)}$ 为 $0 \sim 1$ 时，有

$$\frac{P_{\text{s}}(f)}{\overline{P_{\text{n}}(f)}} < \frac{1 - \overline{\Phi_{\text{n}}(f)}}{1 - \Phi_{\text{s}}(f)} \tag{3.20}$$

由式 (3.20) 可知，当 $\Phi_{\text{s}}(f) \to 1$ 时，$\Delta SNR > 0$ 恒成立。这也说明了当线谱信号的极化特性被很好地反映出来时，输出信噪比相比输入信噪比有所提高。

3.4.1　极化滤波函数影响因素分析

分析带宽内的样本点数是频域极化分析的基础。增加分析带宽内样本点数的途径主要有三个：一是增大分析带宽；二是通过补零来增加傅里叶变换的点数；三是增加信号长度。由于线谱信号特征的求取与分析带宽有密切关系，通常规定分析线谱时的带宽为 1 Hz[39]，这里最大分析带宽不超过 1 Hz。下面从以上三个途径及极化滤波函数的指数来分析极化滤波函数的影响因素。信号的仿真条件与图 3.4 的相同。

3.4.1.1　分析带宽对频域极化度提取的影响

当分析带宽分别是 0.5 Hz 和 1 Hz 时，频域极化度提取结果如图 3.14 所示。

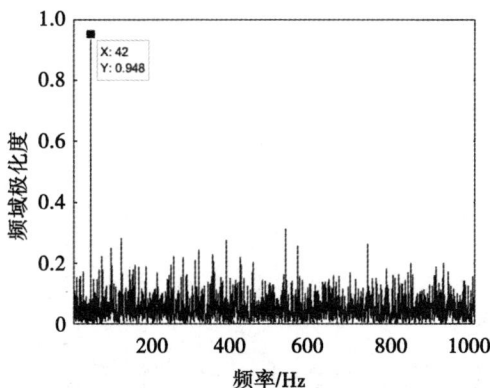

（a）分析带宽为 0.5 Hz

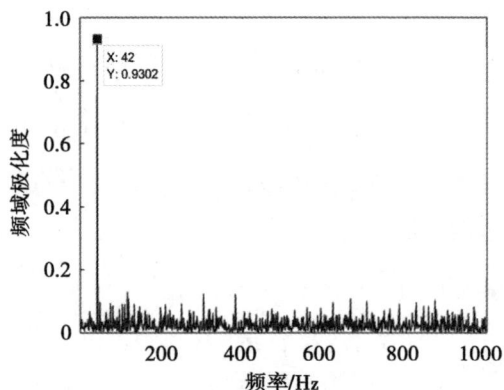

（b）分析带宽为 1 Hz

图 3.14　分析带宽不同时频域极化度提取结果

从图 3.14（a）中可以看出，当分析带宽为 0.5 Hz 时，线谱所在频带内的频域极化度值为 0.948，噪声频带内的频域极化度均值约为 0.05。从图 3.14（b）中可以看出，线谱所在频带内的频域极化度值为 0.9302，小于分析带宽为 0.5 Hz 时的线谱所在频带内的频域极化度值；噪声频带内的频域极化度均值约为 0.02，小于分析带宽为 0.5 Hz 时的噪声频带内的频域极化度均值。当分析带宽为 0.5 Hz 和 1 Hz 时，频域极化度均能很好地反映线谱信号和噪声的极化程度。

为了分析分析带宽对频域极化度提取的影响，改变分析带宽，采用蒙特卡罗试验统计线谱所在频带内的频域极化度值和噪声频带内的频域极化度均值结果，试验次数仍为 500 次，信号时长为 60 s，分析带宽为 0.1~1.0 Hz，分析步长为 0.1 Hz，结果见图 3.15。

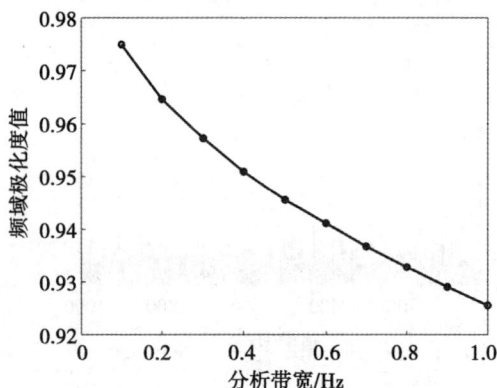

（a）线谱所在频带内的频域极化度值

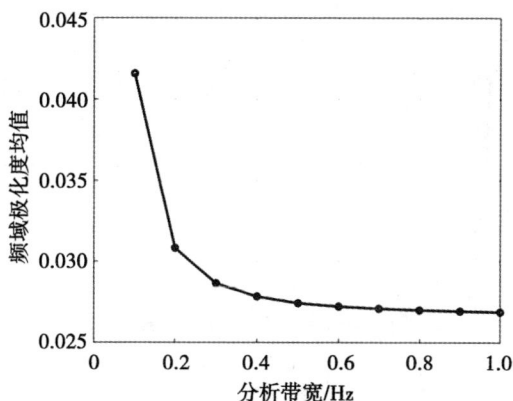

（b）噪声频带内的频域极化度均值

图 3.15　分析带宽不同时频域极化度提取统计结果

从图 3.15 中可以看到，随着分析带宽的增加，线谱所在频带内的频域极化度值和噪声频带内的频域极化度均值都呈递减趋势，不同的是当分析带宽增大到 0.5 Hz 左右时，噪声频带内的频域极化度均值逐渐趋于稳定。这是因为当分析带宽增大时，线谱所在频带内噪声的能量增大，奇异值的中值增大，根据式（3.14）也可知频域极化度值减小。因此，增大分析带宽不利于对线谱频域极化度的提取；而在噪声频带内，随着分析带宽的增大，噪声的能量增加，奇异值的最大值和中值大小较接近。

3.4.1.2　补零处理对频域极化度提取的影响

通过补零改变傅里叶变换点数，信号时长为 3 s，分析带宽为 1 Hz。为了准确提取线谱信号的频率，将傅里叶变换点数设为 3～120 s 信号长度的傅里叶变换点数，分析步长为 1 s，蒙特卡罗试验次数为 500 次。不同傅里叶变换点数下线谱所在频带内的频域极化度值和噪声频带内的频域极化度均值的提取结果见图 3.16。

从图 3.16（a）中可以看到，线谱所在频带内的频域极化度值随着傅里叶变换的点数增加而减小，最后稳定在 0.905 附近。从图 3.16（b）中可以看到，噪声频带内的频域极化度均值随着傅里叶变换的点数增加而减小，最后稳定在 0.08 附近。由此可知，通过补零操作增加分析点数，会使线谱所在频带内的频域极化度值和噪声频带内的频域极化度均值减小，并且达到一定的傅里叶变换点数后，线谱所在频带内的频域极化度值和噪声所在频带内的频域极化度均值基本不变，这是因为当傅里叶变换点数增加到一定点数时不会为线谱信号和噪声带来新的极化信息。

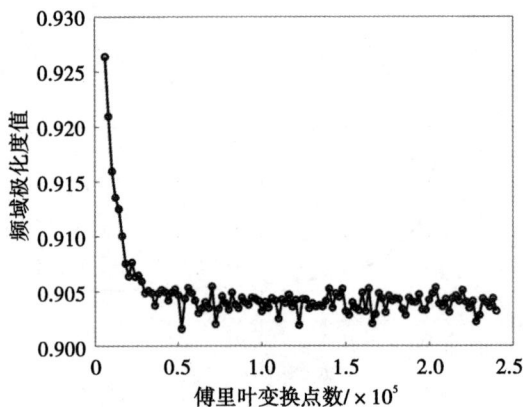

(a)线谱所在频带内的频域极化度值

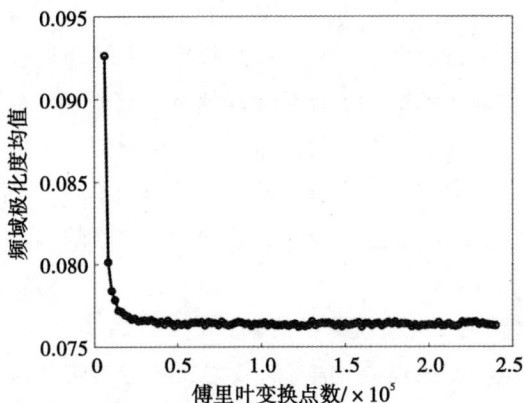

(b)噪声频带内的频域极化度均值

图 3.16　傅里叶变换点数不同时频域极化度提取统计结果

3.4.1.3　信号时长对频域极化度提取的影响

　　增大信号时长，使信号时长为 20 s，其他仿真条件同图 3.4 中的仿真条件，频域极化度提取结果见图 3.17。其中，图 3.17(a)为分析带宽为 0.5 Hz 时提取的频域极化度结果，图 3.17(b)为分析带宽为 1 Hz 时提取的频域极化度结果。

　　对比图 3.17(a)和图 3.14(a)可知，不同信号长度下的线谱所在频带内的频域极化度值较接近。对比图 3.17(b)和图 3.14(b)可知，相同分析带宽下，信号长度为 20 s 时的噪声频带内的频域极化度均值均小于信号长度为 10 s 时的噪声频带内的频域极化度均值。

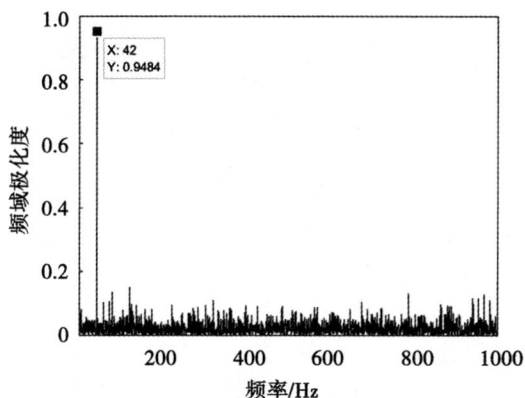

（a）分析带宽为 0.5 Hz

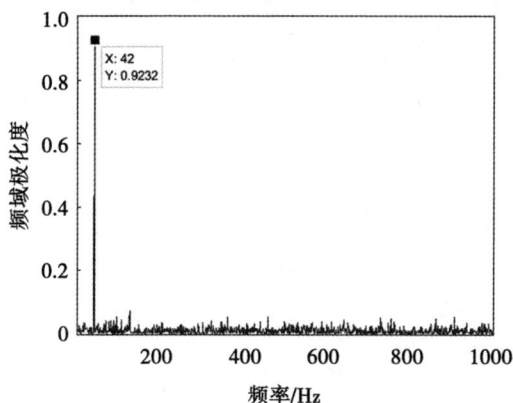

（b）分析带宽为 1 Hz

图 3.17　信号时长为 20 s 时频域极化度提取结果

改变信号时长，使信号时长为 5~120 s，分析步长为 5 s，分析带宽为 1 Hz，蒙特卡罗试验次数为 500 次。不同信号时长下线谱所在频带内的频域极化度值和噪声频带内的频域极化度均值的提取结果见图 3.18。

从图 3.18（a）中可以看到，随着信号时长的增加，线谱所在频带内的频域极化度值在小范围内呈波折递增趋势，这是因为信号时长增加，分析带宽内的分析点数增多，极化信息增多。从图 3.18（b）中可以看到，随着信号时长的增加，噪声频带内的频域极化度均值呈递减趋势，且随着时长的增加逐渐趋于平稳，这也是因为当分析带宽内的分析点数增加到一定程度时，噪声的极化信息不会改变。

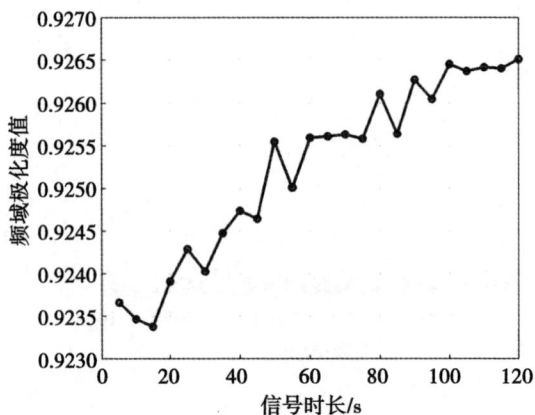

(a)线谱所在频带内的频域极化度值

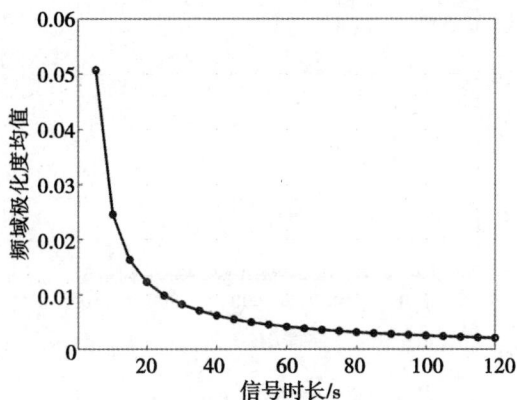

(b)噪声频带内的频域极化度均值

图 3.18　信号时长不同时频域极化度提取统计结果

　　由以上分析结果总结出了分析带宽、补零处理、信号时长对直接利用傅里叶变换的极化分析方法提取频域极化度的影响，见表 3.1。

表 3.1　分析带宽、补零处理、信号时长对直接利用傅里叶变换的极化分析方法的提取性能的影响

增大分析带宽	线谱所在频带内的频域极化度值减小，噪声频带内的频域极化度值减小而后趋于平稳

表3.1(续)

补零处理	线谱所在频带内和噪声频带内的频域极化度值减小到一定程度而后基本不变
增加信号时长	线谱所在频带内的频域极化度值在小范围内呈递增趋势，噪声频带内的频域极化度值减小而后趋于平稳

3.4.1.4　指数对极化滤波系数的影响

由式(3.17)可知，p 值控制着极化滤波系数的大小。改变 p 值（p 取 $0 \sim 10$），分析指数对极化滤波系数的影响，见图 3.19。图中，R 代表底数值。

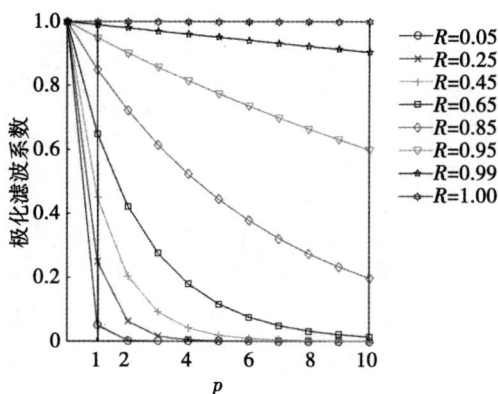

图 3.19　p 次幂的影响曲线

从图 3.19 中可以看出，当 R 接近 1 时，极化滤波系数的衰减速度很慢，并且接近线性衰减；R 越小，极化滤波系数衰减得越快，呈现非线性衰减，因此当线谱所在频带内的频域极化度较大而噪声频带内的频域极化度较小时，增大指数 p 可以取得较好的线谱提取效果；当 $p \leqslant 1$ 时，极化滤波系数相对较大，此时利用指数 p 压制随机噪声的效果不会很明显，而当 $p > 1$ 时，极化滤波系数的衰减速度相对较快，此时利用指数 p 压制随机噪声会取得相对较好的效果。

3.4.2　线谱极化滤波算法仿真分析

【仿真分析 1】高斯白噪声背景下线谱极化滤波算法仿真分析。

仿真条件：与图 3.4 的仿真条件相同。x，y，z 三通道信号的周期图法功率谱、奇异值分解功率谱和极化滤波谱如图 3.20 和图 3.21 所示。指数 p 取为 1，以下如不进行特殊说明，所用到的 p 均为 1。

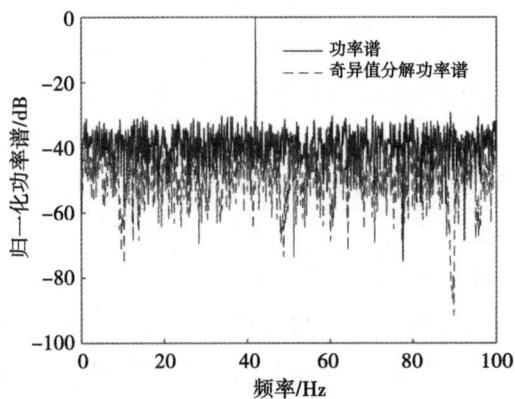

（a）x 通道

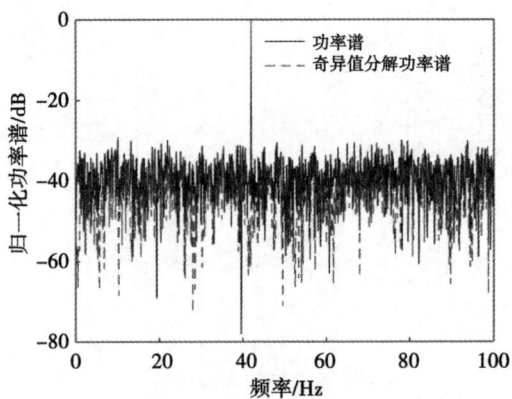

（b）y 通道

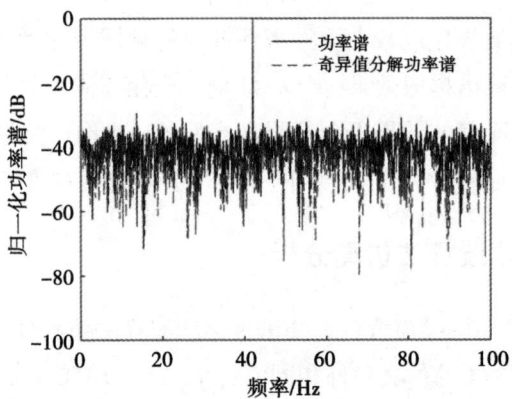

（c）z 通道

图 3.20　三通道信号周期图法功率谱和奇异值分解后功率谱对比

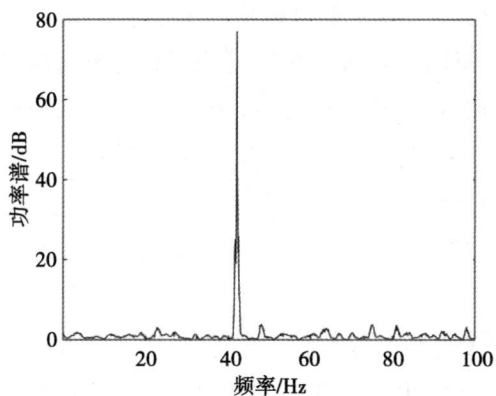

(a) x 通道

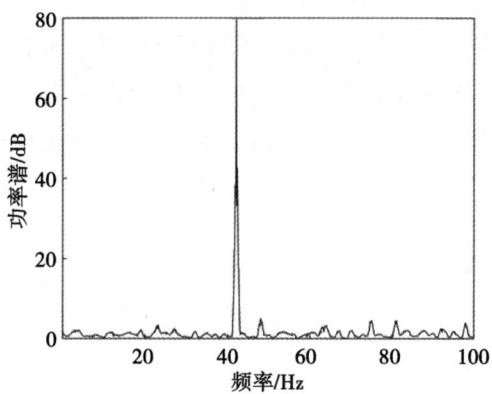

(b) y 通道

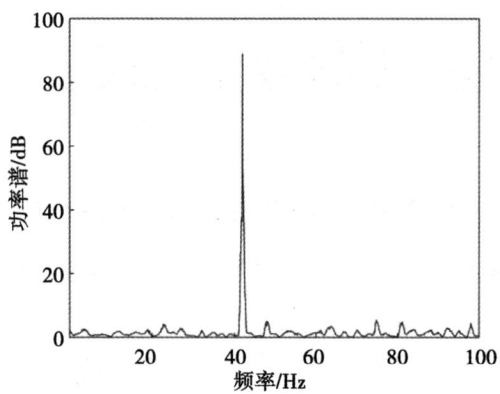

(c) z 通道

图 3.21　三通道信号极化滤波谱

从图 3.20 中可以看到，奇异值分解后功率谱的信噪比大于未奇异值分解的功率谱的信噪比。经计算，x，y，z 三通道奇异值分解后功率谱的信噪比分别约为 49 dB、45 dB 和 45 dB，而未奇异值分解的功率谱的信噪比分别约为 45 dB、40 dB 和 41 dB，信噪比分别提高了约 4 dB、5 dB 和 4 dB。

从图 3.21 中可以看出，x，y，z 三通道信号的噪声谱值相比极化滤波前的谱值和奇异值分解后谱值大大减小，并且噪声谱值方差减小，线谱信号得到了保留。

【仿真分析 2】高斯色噪声背景下线谱极化滤波算法仿真分析。

仿真条件：仿真条件与仿真分析 1 的相同，加入高斯色噪声，方差为 1.5。为产生高斯色噪声，将零均值高斯白噪声通过一窄带带通滤波器，该滤波器的上、下截止频率分别为 47 Hz 和 48 Hz。

图 3.22 为高斯色噪声背景下提取出的频域极化度，分析带宽为 1 Hz。从图中可以看到，线谱信号频域极化度值为 0.948，色噪声频率处频域极化度值小于线谱信号的频域极化度值，白噪声频率处频域极化度值也较小，约为 0.05。

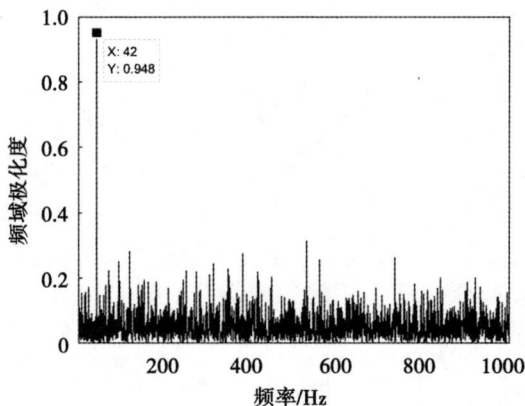

X: 42
Y: 0.948

图 3.22　高斯色噪声背景下提取出的频域极化度

图 3.23、图 3.24 和图 3.25 所示分别为 x，y，z 三通道信号的周期图法功率谱、奇异值分解后功率谱和极化滤波谱。

由图 3.23~图 3.25 可以看出，从 x，y，z 三通道的功率谱、奇异值分解功率谱对比可知，奇异值分解功率谱可以抑制高斯色噪声，但是效果不明显。而极化滤波谱在很大程度上抑制了高斯色噪声，提取出了线谱信号，约高出高斯色噪声 60 dB，背景噪声得到了有效抑制。

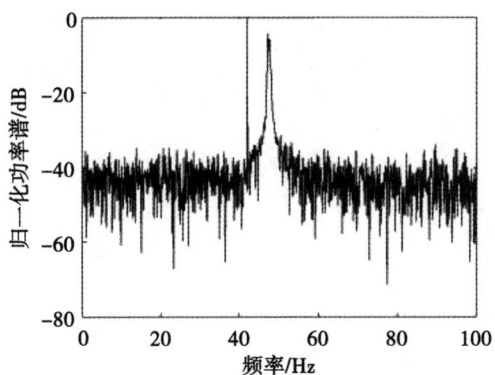

(a) 周期图法功率谱

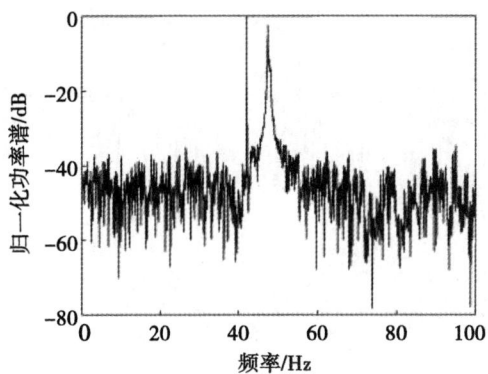

(b) 奇异值分解后功率谱

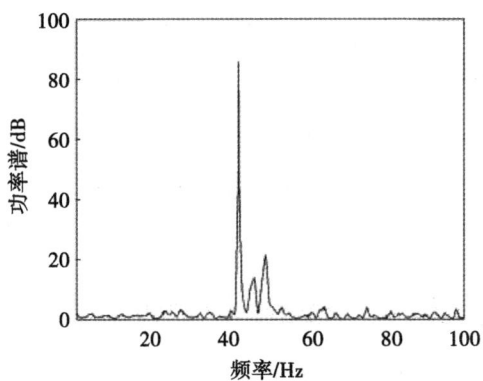

(c) 极化滤波谱

图 3.23　*x* 通道信号频谱

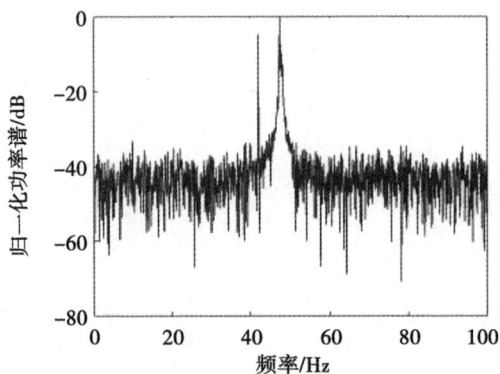

（a）周期图法功率谱

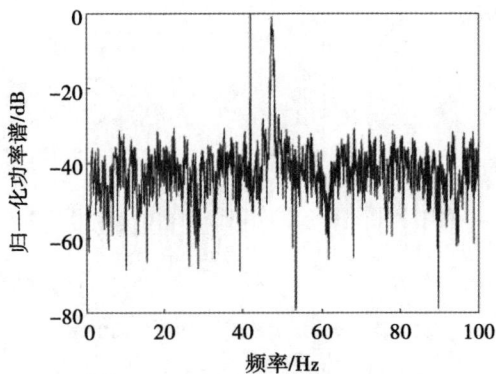

（b）奇异值分解后功率谱

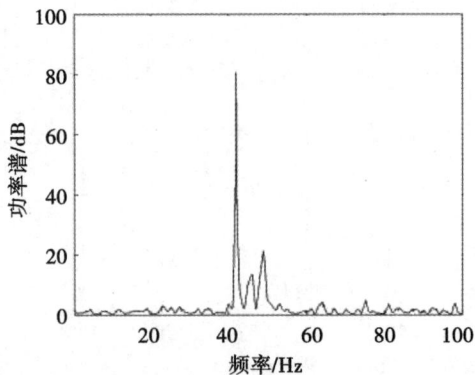

（c）极化滤波谱

图 3.24 y 通道信号频谱

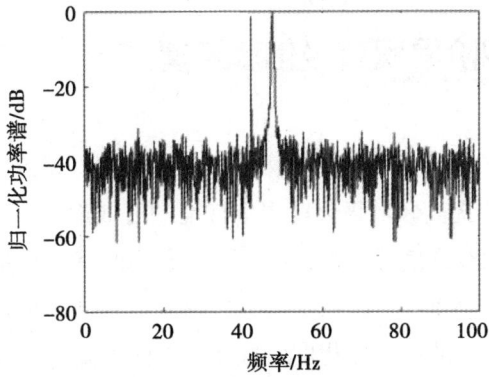

(a)周期图法功率谱

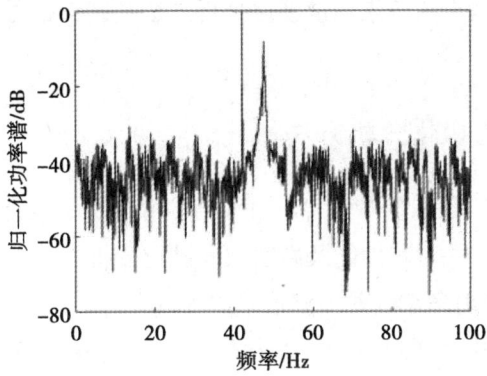

(b)奇异值分解后功率谱

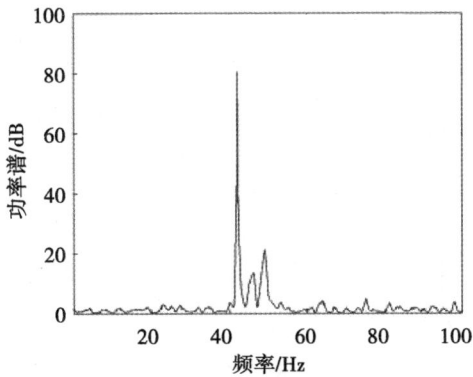

(c)极化滤波谱

图 3.25　z 通道信号频谱

◆ 3.5　线谱四阶累积量极化滤波算法

由本书3.4.1节的分析可知，对于直接利用傅里叶变换的极化分析方法，信号时长和分析带宽是提高频域极化度提取性能的有效途径。受实际接收信号时长的制约，不能随意改变信号时长，因此可以通过改变分析带宽来改善对频域极化度的提取性能。然而，分析带宽增大，线谱信号分析带宽内噪声的能量增大，使线谱所在频带内的频域极化度值减小，因此需要提高分析带宽内线谱信号的信噪比，以改善对频域极化度的提取性能。

本节利用四阶累积量对角切片来提高地震波线谱信号的信噪比，并增加分析带宽内样本点数，提出四阶累积量极化分析方法和线谱信号的四阶累积量极化滤波算法。

3.5.1　四阶累积量极化分析方法

本节首先分析四阶累积量对角切片对线谱信号的提取性能，然后提出四阶累积量极化分析方法，并对其性能及影响因素进行分析。

3.5.1.1　四阶累积量对角切片对线谱信号的提取

由本书2.4节中式(2.33)可知，对于零均值局部(准)平稳实随机过程，其四阶累积量可以表示为

$$
\begin{aligned}
\overline{C}_{4r}(\tau_1, \tau_2, \tau_3) &\overset{\Delta}{=\!=\!=} \mathrm{cum}[r(t), r(t+\tau_1), r(t+\tau_2), r(t+\tau_3)] \\
&\overset{\Delta}{=\!=\!=} \overline{m}_{4r}(\tau_1, \tau_2, \tau_3) - \overline{m}_{2r}(\tau_1)\overline{m}_{2r}(\tau_2-\tau_3) - \\
&\quad \overline{m}_{2r}(\tau_2)\overline{m}_{2r}(\tau_3-\tau_1) - \overline{m}_{2r}(\tau_3)\overline{m}_{2r}(\tau_2-\tau_1)
\end{aligned} \tag{3.21}
$$

当 $\tau_1 = \tau_2 = \tau_3 = \tau$ 时，为四阶累积量对角切片，计算公式如下：

$$
\overline{C}_{4r}^{(1)}(\tau) \overset{\Delta}{=\!=\!=} \overline{m}_{4r}(\tau, \tau, \tau) - 3\,\overline{m}_{2r}(0)\overline{m}_{2r}(\tau) \tag{3.22}
$$

理论上，四阶累积量能够完全抑制高斯噪声[39]，因此有

$$
\overline{C}_{4r}(\tau_1, \tau_2, \tau_3) = \overline{C}_{4s}(\tau_1, \tau_2, \tau_3) \tag{3.23}
$$

有限长单记录条件下，四阶累积量对角切片的均方一致估计公式为

$$
C_{4r}^{(1)}(\tau) \overset{\Delta}{=\!=\!=} \overline{m}_{4r}^{(N)}(\tau, \tau, \tau) - 3\,\overline{m}_{2r}^{(N)}(0)\overline{m}_{2r}^{(N)}(\tau) \tag{3.24}
$$

其中，

$$\overline{m}_{4r}^{(N)}(\tau,\tau,\tau) \stackrel{\Delta}{=} \frac{1}{N}\sum_{t=1}^{N}r(t)r^3(t+\tau) \qquad (3.25)$$

$$\overline{m}_{2r}^{(N)}(\tau) \stackrel{\Delta}{=} \frac{1}{N}\sum_{t=1}^{N}r(t)r(t+\tau) \qquad (3.26)$$

$$\overline{m}_{2r}^{(N)}(\tau) \stackrel{\Delta}{=} \frac{1}{N}\sum_{t=0}^{N}r^2(t) \qquad (3.27)$$

将式(2.1)代入式(3.24)得到

$$\hat{C}_{4r}^{(1)}(\tau) = -\frac{3}{8}\sum_{k=1}^{P}A^4\cos(2\pi f_0\tau) \qquad (3.28)$$

式中，f_0 为频率。其中，令 $|\tau|=N-1$。

由式(3.28)可知，在加性高斯噪声条件下，线谱信号的四阶累积量对角切片含有线谱信号的频率信息，由于延迟量 τ 的存在，傅里叶变换后得到的四阶累积量对角切片谱的相应的频率单元数增多，使频域极化分析方法的分析带宽内的分析点数增多。因此，可以利用 $\hat{C}_{4r}^{(1)}(\tau)$ 来代替地震传感器的接收信号，从而达到抑制高斯噪声的目的及提高对线谱信号频域极化度提取能力的目的，最终实现对线谱信号的提取。

由式(3.24)~式(3.27)可知，四阶累积量对角切片实际上是由信号的自相关、信号与信号三次方的相关及信号的方差计算而来的。为了避免计算量较大，采用相关函数的快速算法，即利用在频域求相应的功率谱再反变换到时域的方法计算四阶累积量对角切片，则计算式(3.25)和式(3.26)需要16$N\log_2 N+$8N 次实数乘法运算和 8$N\log_2 N+8N$ 次实数加法运算。而对于直接根据式(3.30)和式(3.31)计算四阶累积量对角切片的方法，当 N 为偶数时，需要进行 $2N^2$ 次实数乘法和 N^2-2N+2 次实数加法；当 N 为奇数时，需要进行 N^2-N+1 次实数乘法和 N^2-2N+1 次实数加法。由此可知，利用相关函数的快速算法计算四阶累积量对角切片的运算量远远小于直接根据式(3.25)和式(3.26)计算四阶累积量对角切片方法的运算量。

3.5.1.2　四阶累积量极化分析方法性能分析

利用各通道接收数据的四阶累积量对角切片谱矩阵 $\boldsymbol{R}_{C4}(f)$ 代替原数据矩阵 $\boldsymbol{R}(f)$ 进行频域极化分析的方法称为四阶累积量极化分析方法。以下对数据的四阶累积量对角切片的极化特性、频域极化度对四阶累积量对角切片谱适用性和四阶累积量极化分析方法性能三方面进行分析。

（1）极化特性分析

对图 3.4 所对应的信号求四阶累积量对角切片谱，其线谱所在频带内各频点频谱幅值分布见图 3.26(a)，带宽为 1 Hz；随机抽取 1 Hz 带宽的噪声频带内各频点频谱幅值分布见图 3.26(b)。从图 3.26(a)中可以看到，线谱所从频带内各频点频谱幅值分布在一条直线上。从图 3.26(b)中可以看到，噪声频带内各频点频谱幅值分布较杂乱，能量分布较分散。可见，四阶累积量对角切片很好地揭示了线谱信号和噪声的极化特性。

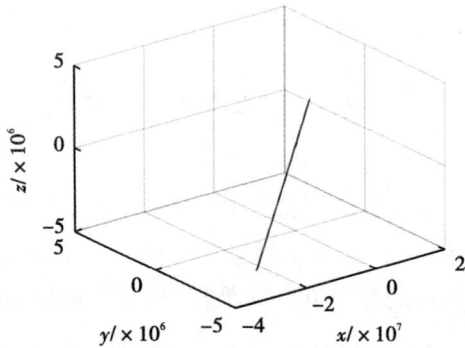

（a）线谱所在频带内

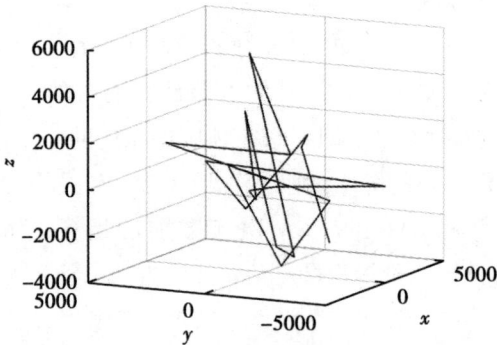

（b）噪声频带内

图 3.26 仿真信号的四阶累积量对角切片各频点频谱幅值分布图

（2）频域极化度对于四阶累积量对角切片谱的适用性分析

为了分析所提出的频域极化度对于四阶累积量对角切片谱是否适用，给出了不同信噪比下 500 次蒙特卡罗试验利用四阶累积量极化分析方法提取的 5 种极化参数值统计结果，见图 3.27。其中，图 3.27(a)为线谱所在频带内的极化参数值提取结果，图 3.27(b)为噪声频带内的极化参数均值提取结果，图 3.27(c)为线谱所在频带内的极化参数值和噪声频带内极化参数均值的比值。

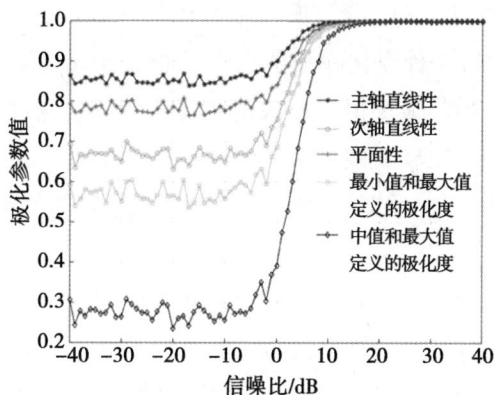

（a）线谱所在频带内的极化参数值

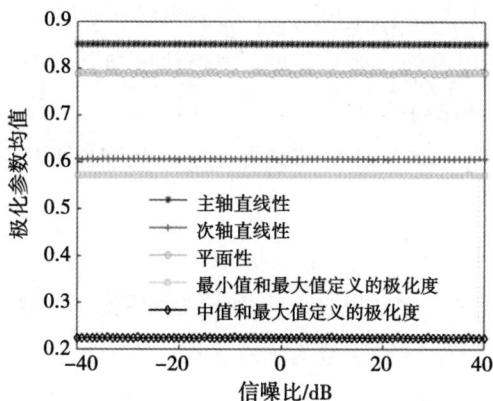

（b）噪声频带内的极化参数均值

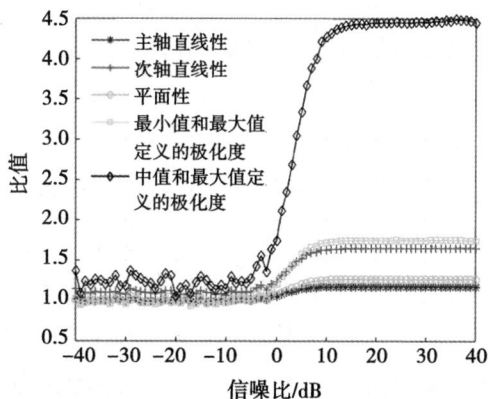

（c）线谱所在频带内的极化参数值和噪声频带内的极化参数均值的比值

图 3.27　不同信噪比下利用四阶累积量极化分析方法提取 5 种极化参数统计结果

从图 3.27(a)中可以看到,线谱所在频带内的 5 种极化参数值均在 0~1。当信噪比小于 15 dB 时,5 种极化参数值由大到小分别是主轴直线性、次轴直线性、平面性、由奇异值的最小值和最大值计算得到的极化度、所提出的频域极化度,且主轴直线性、次轴直线性、平面性、由奇异值的最小值和最大值计算得到的极化度都大于 0.5。当信噪比大于 15 dB 时,随着信噪比的增大,5 种极化参数值趋近于 1。

从图 3.27(b)中可以看到,噪声频带内利用四阶累积量对角切片谱提取的 5 种噪声极化参数均值不随信噪比的改变而改变。极化参数均值从大到小分别是主轴直线性、次轴直线性、平面性、由奇异值的最小值和最大值计算得到的极化度、本书所提出的频域极化度参数。其中,除了本书所提出的频域极化度参数,其他 4 种极化参数均值在 0.5 以上,均不能很好地反映噪声的极化程度。

从图 3.27(c)中可以看到,所提出的频域极化度参数所对应的比值普遍大于其他 4 种极化参数所对应的比值。

由以上分析可知,本书所提出的频域极化度参数同样适用于四阶累积量极化分析方法。

(3)四阶累积量极化分析方法性能分析

为了分析四阶累积量极化分析方法相比直接利用傅里叶变换的极化分析方法的性能,给出了蒙特卡罗试验次数为 500 次时,不同信噪比下,当直接对线谱信号的做傅里叶变换所得频谱的输出信噪比与线谱信号的四阶累积量对角切片谱的输出信噪比相同时,利用四阶累积量极化分析方法和直接利用傅里叶变换的极化分析方法得到频域极化度情况见图 3.28。其中,图 3.28(a)为线谱所在频带内利用两种方法提取的频域极化度值,图 3.28(b)为噪声频带内利用两种方法提取的频域极化度均值。

从图 3.28(a)中可以看到,当信噪比大于 17 dB 时,利用两种极化分析方法得到的频域极化度值接近,频域极化度值大于 0.9;当信噪比大于 6 dB 并且小于 17 dB 时,利用四阶累积量极化分析方法得到的频域极化度值大于直接利用傅里叶变换的极化分析方法得到的频域极化度值;当信噪比为 14 dB 时,利用四阶累积量极化分析方法得到的频域极化度值为 0.9,而直接利用傅里叶变换的极化分析方法得到的频域极化度值约为 0.88;当信噪比为 7 dB 时,利用四阶累积量极化分析方法得到的频域极化度值为 0.74,而直接利用傅里叶变换的极化分析方法得到的频域极化度值只约为 0.53。由此可知,四阶累积量极化分析方法相比直接利用傅里叶变换的极化分析方法对线谱信号的极化特性有更好的分析性能。

从图 3.28(b)中可以看到,利用两种极化分析方法得到的频域极化度均值不随信噪比的改变而改变,利用四阶累积量极化分析方法得到的频域极化度均值约为 0.11,而直接利用傅里叶变换的极化分析方法得到的频域极化度均值约为 0.04。由此可知,四阶累积量极化分析方法和直接利用傅里叶变换的极化分析方法得到的噪声频带内的频域极化度均值均接近于 0。

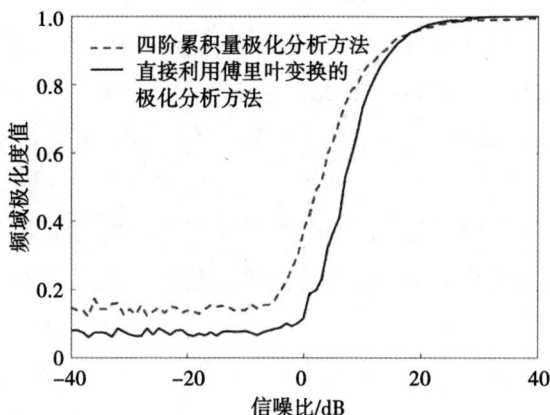

(a)线谱所在频带内的频域极化度值

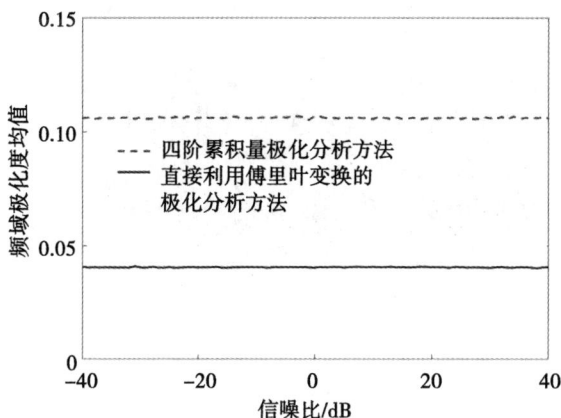

(b)噪声频带内的频域极化度均值

图 3.28　四阶累积量极化分析方法与直接利用傅里叶变换的极化分析方法性能对比

3.5.1.3　四阶累积量极化分析方法影响因素分析

由本书3.5.1.2节分析可知，四阶累积量极化分析方法相比直接利用傅里叶变换的极化分析方法对线谱信号的极化特性有更好的分析性能，因此研究影响四阶累积量对角切片谱极化分析方法是有必要的。由本书3.4.1节分析可知，通过补零处理不会给极化分析方法带来新的极化信息，以下从分析带宽、信号时长和高斯色噪声三个方面分析对四阶累积量极化分析提取频域极化度的影响。

（1）分析带宽对频域极化度提取的影响

为了与直接利用傅里叶变换的极化分析方法相比较，仿真条件与本书3.4.1节相同，利用四阶累积量极化分析方法得到的频域极化度见图3.29。其中，图3.29(a)和图3.29(b)分别对应分析带宽为0.5 Hz和1 Hz时的频域极化度提取结果。

从图3.29(a)中可以看到，当分析带宽为0.5 Hz时，线谱信号频率处的频域极化度值约为1，噪声频率处的频域极化度均值约为0.32。

从图3.29(b)中可以看到，线谱所在频带内的频域极化度值约为1，与分析带宽为0.5 Hz时的线谱所在频带内的频域极化度值接近，噪声频带内的频域极化度均值约为0.21。

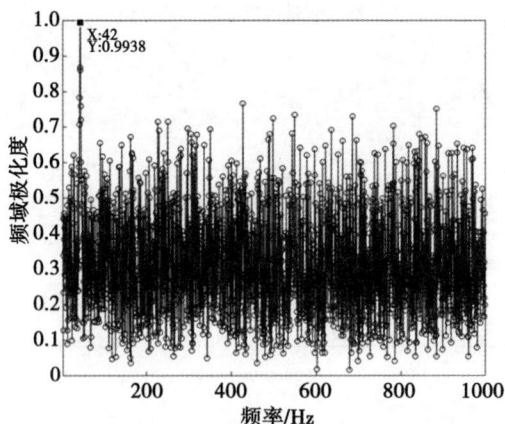

（a）分析带宽为0.5 Hz

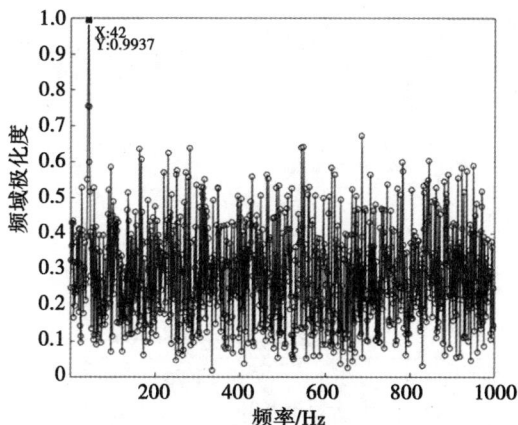

（b）分析带宽为 1 Hz

图 3. 29　分析带宽不同时频域极化度提取结果

对比图 3. 29 与图 3. 14 可知，四阶累积量极化分析方法提取的线谱信号频域极化度值大于直接利用傅里叶变换的极化分析方法提取的频域极化度值，并且四阶累积量极化分析方法提取的噪声频带内的频域极化度方差大于直接利用傅里叶变换的极化分析方法提取的噪声频带内的频域极化度方差，这是因为四阶累积量对角切片抑制了噪声，噪声的随机性变小。

为了分析带宽对四阶累积量极化分析方法提取频域极化度的影响，改变分析带宽，采用蒙特卡罗试验统计分析方法统计线谱所在频带内的频域极化度和噪声频带内的频域极化度提取结果，试验次数仍为 500 次，结果见图 3. 30。

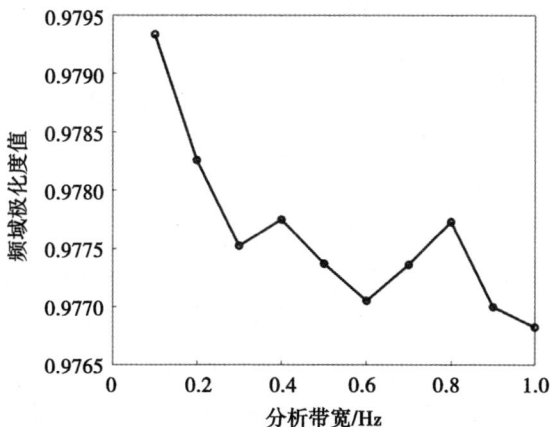

（a）线谱所在频带内的频域极化度值

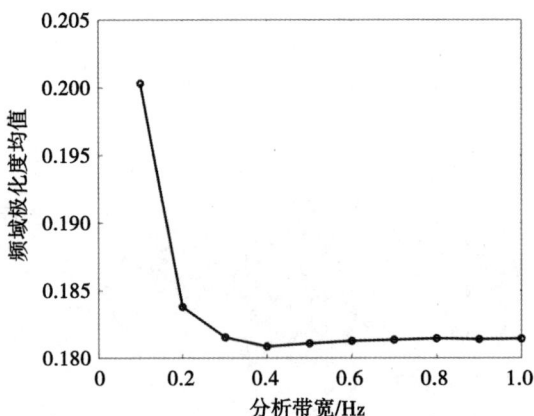

(b)噪声频带内的频域极化度均值

图 3. 30　分析带宽不同时频域极化度提取统计结果

从图 3. 30(a)中可以看到,随着分析带宽的增大,线谱所在频带内的频域极化度值在小范围内呈递减趋势。对比图 3. 30(a)和图 3. 15(a)可知,利用四阶累积量极化分析方法得到的各个分析带宽内的频域极化度值均大于直接利用傅里叶变换的极化分析方法所得到的频域极化度值,这是因为在分析带宽内四阶累积量对角切片抑制了噪声,使得线谱信号的信噪比增大。

从图 3. 30(b)中可以看到,噪声频带内的频域极化度均值随着分析带宽的增大呈递减趋势,并且在 0. 3 Hz 附近趋于稳定。与图 3. 15(b)对比可知,利用四阶累积量极化分析方法得到的噪声频带内的频域极化度均值大于直接利用傅里叶变换的极化分析方法得到的噪声频带内的频域极化度均值。这是因为虽然四阶累积量对角切片抑制了噪声,但是导致噪声频带内噪声的随机性变差。

(2)信号时长对频域极化度提取的影响

当分析带宽为 1 Hz 时,改变信号时长,统计线谱所在频带内的频域极化度和噪声频带内的频域极化度提取结果。信号时长为 5~120 s,分析步长为 5 s,蒙特卡罗试验次数为 500 次,结果见图 3. 31。

从图 3. 31(a)中可以看到,随着信号时长的增加,四阶累积量极化分析方法得到的线谱所在频带内的频域极化度受信号时长的影响较大,频域极化度值在 0. 92~0. 99 呈递增趋势,且随着时长的增加逐渐趋于平稳。

从图 3. 31(b)中可以看到,随着信号时长的增加,四阶累积量极化分析方法得到的噪声频带内的频域极化度均值在 0. 04~0. 14 呈递减趋势,且随着时长的增加逐渐趋于平稳。

由以上分析结果总结分析带宽和信号时长对四阶累积量极化分析方法提取

频域极化度的影响, 见表 3.2。

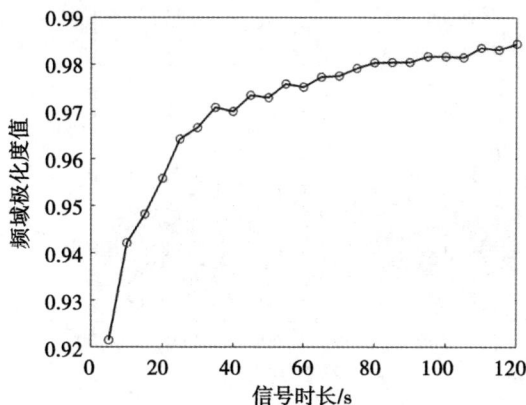

(a)线谱所在频带内的频域极化度值

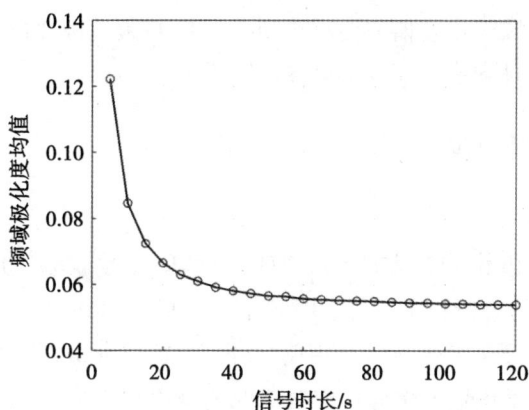

(b)噪声频带内的频域极化度均值

图 3.31　信号时长不同时频域极化度统计结果

表 3.2　分析带宽和信号时长对四阶累积量极化分析方法提取性能的影响

增大分析带宽	线谱所在频带内的频域极化度值减小, 噪声频带内的频域极化度值减小而后趋于平稳
增加信号时长	线谱所在频带内的频域极化度值增大而后趋于平稳, 噪声频带内的频域极化度值减小而后趋于平稳

(3)高斯色噪声背景下提取频域极化度

其仿真条件与本书 3.4.2 节仿真分析 2 中的仿真条件相同, 利用四阶累积量极化分析方法提取频域极化度, 结果见图 3.32。

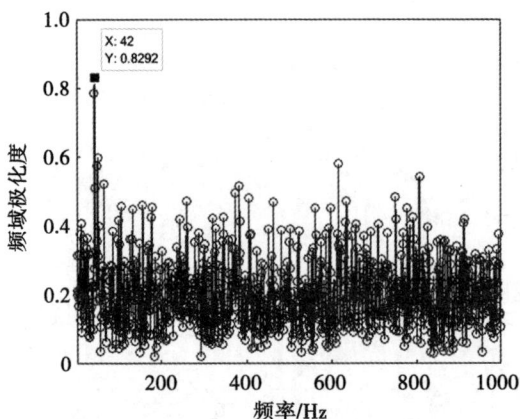

图 3.32　四阶累积量极化分析方法提取的频域极化度

从图 3.32 中可以看到,线谱信号频率处的频域极化度值最大,约为 0.83,色噪声所在频段的频域极化度值与白噪声所在频段的频域极化度值接近,可以清晰地区分出线谱信号和噪声所在的频率。

3.5.2　线谱四阶累积量极化滤波算法仿真分析

3.5.2.1　算法的提出

由于四阶累积量极化分析方法所对应的频率单元数较多,并且对比本书 3.4.1 节和 3.5.1 节的分析结果可知,四阶累积量极化分析方法提取的线谱所在频带内的频域极化度值大于直接利用傅里叶变换的极化分析方法所对应的频域极化度值,而四阶累积量极化分析方法提取的噪声频带内的频域极化度值也大于直接利用傅里叶变换的极化分析方法所提取的频域极化度值,利用窄带分析带宽和宽带分析带宽内的频域极化度重新构造一个极化滤波函数,将该极化滤波函数称为四阶累积量联合极化滤波系数,其公式为

$$\Phi_{C_4}(f) = \left(\eta_{N_{C_4}}(f) \cdot \eta_{W_{C_4}}(f) \right)^p \qquad (3.29)$$

式中,$\eta_{N_{C_4}}(f)$ 和 $\eta_{W_{C_4}}(f)$ 分别对应窄带分析带宽内的频域极化度和宽带分析带宽内的频域极化度。

利用四阶累积量联合极化滤波系数 $\Phi_{C_4}(f)$ 对四阶累积量对角切片特征谱 $P''_{j,C_4}(f)$(单位为 dB)加权来提取线谱信号(计算步骤见 3.4.2 节),最终得到各个通道的四阶累积量极化滤波谱为

$$P_{j,C_4f}(f) = \Phi_{C_4}(f) \cdot P''_{j,C_4}(f) \qquad (3.30)$$

四阶累积量极化滤波算法流程如图 3.33 所示。

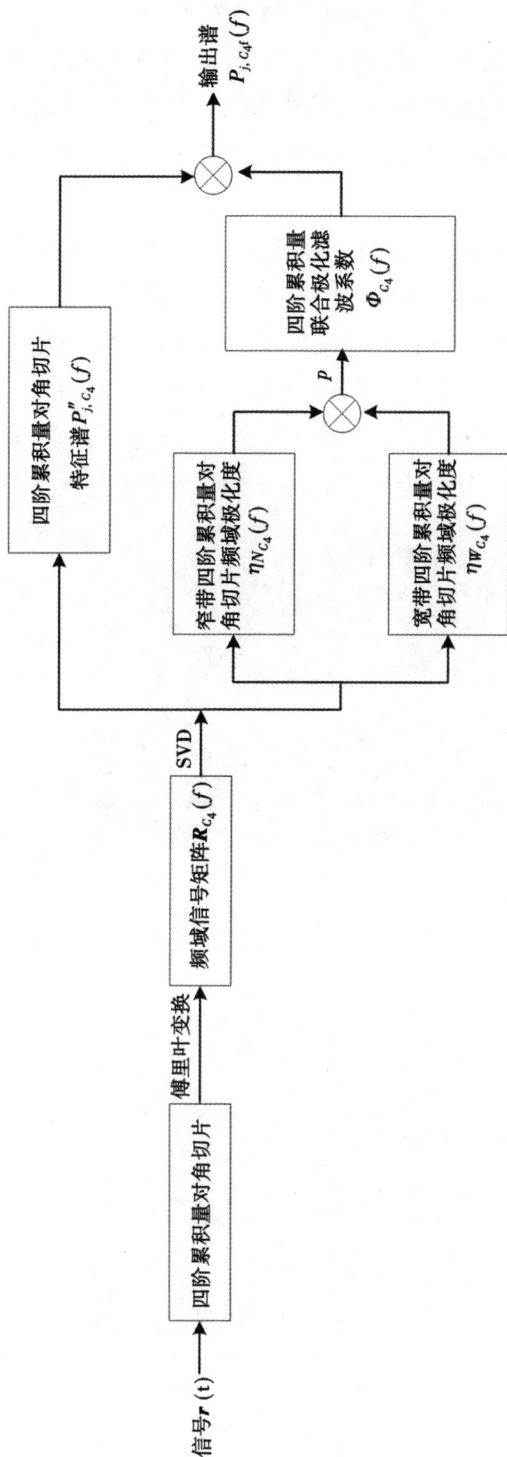

图3.33　四阶累积量极化滤波算法流程图

3.5.2.2 线谱信号的四阶累积量极化滤波算法仿真分析

仿真条件：仿真 60 Hz 单频脉冲信号，脉宽为 50 s，周期为 100 s，采样频率为 2000 Hz，信号幅度为 1 V，初始相位为 $\pi/3$，ϕ 为 40°，方位角 θ 设为 60°，噪声为高斯白噪声，信噪比为 5 dB，65~66 Hz 处存在方差为 0.2 的高斯色噪声干扰。

图 3.34 为利用 Welch 法得到的 x，y 两通道仿真数据功率谱 LOFAR 图。其中，图 3.34(a)为 x 通道对应的 LOFAR 图，图 3.34(b)为 y 通道对应的 LOFAR 图。这里的 Welch 法功率谱 LOFAR 图所采用的参数为：LOFAR 图的每段分析数据时长为 10 s，重叠时长为 5 s；Welch 法功率谱分段中每段数据时长为 3 s，重叠数据时长为 2.5 s。从两幅图中可以看到，x 通道线谱信号信噪比约为 6 dB，y 通道线谱信号信噪比约为 10 dB，在 65 Hz 附近有色噪声干扰。

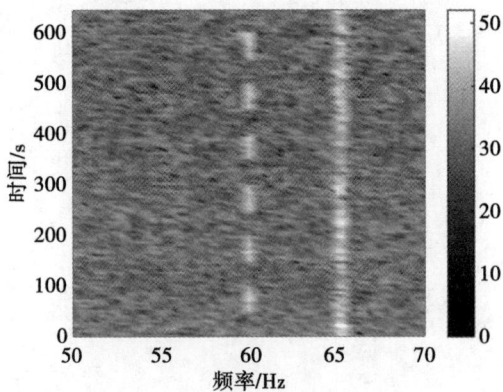

(a)x 通道

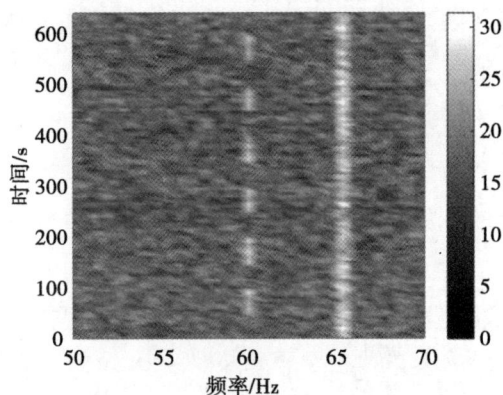

(b)y 通道

图 3.34　两通道仿真数据的 Welch 法功率谱 LOFAR 图

图 3.35 为 x, y 两通道仿真数据四阶累积量对角切片谱 LOFAR 图。其中，图 3.35(a)为 x 通道仿真数据四阶累积量对角切片谱 LOFAR 图，图 3.35(b)为 y 通道仿真数据四阶累积量对角切片谱 LOFAR 图。这里的四阶累积量对角切片谱 LOFAR 图的每段分析数据时长同样为 10 s，重叠时长为 5 s。在两幅图中可以看到，利用四阶累积量对角切片谱算法，x 通道线谱信号的信噪比约为 27 dB，y 通道线谱信号的信噪比约为 24 dB，线谱信号的信噪比得到了提高，但是色噪声没有被完全抑制。

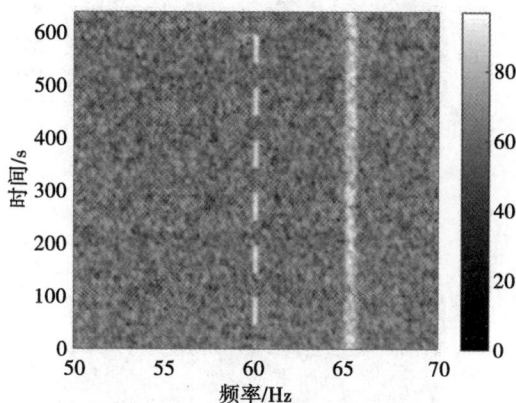

(a) x 通道

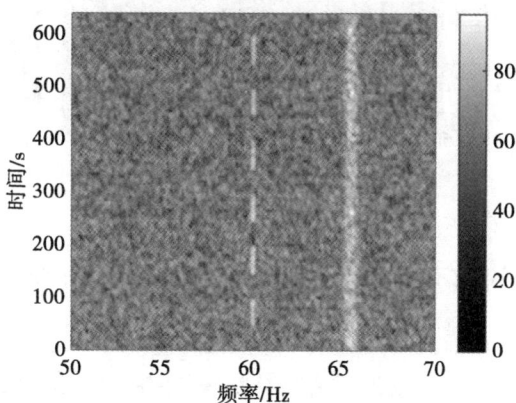

(b) y 通道

图 3.35　两通道仿真数据的四阶累积量对角切片谱 LOFAR 图

图 3.36 为分析带宽不同时利用四阶累积量极化分析方法提取的频域极化度时频图。其中，图 3.36(a)为分析带宽为 0.15 Hz 时所提取出的频域极化度

时频图，图 3.36(b)为分析带宽为 1 Hz 时所提取出的频域极化度时频图。该时频图的每段分析数据时长为 10 s，重叠数据时长为 5 s。

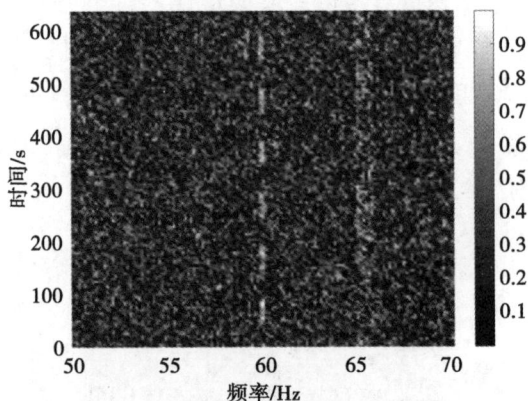

(a)分析带宽为 0.15 Hz

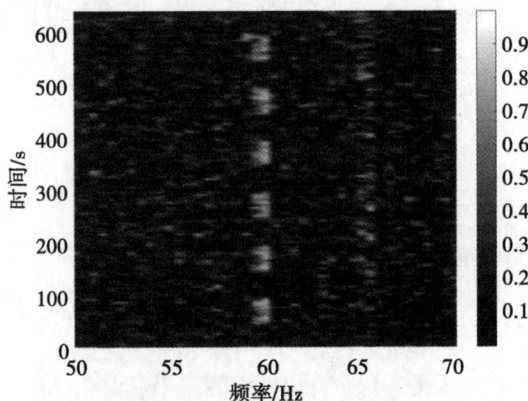

(b)分析带宽为 1 Hz

图 3.36　分析带宽不同时四阶累积量极化分析方法提取的频域极化度时频图

从图 3.36 中可以看到，利用四阶累积量极化分析方法，分析带宽为 0.15 Hz 时线谱所在频带内的频域极化度值与分析带宽为 1 Hz 时的频域极化度值均较大，约为 0.9；分析带宽为 1 Hz 时的噪声频带内的频域极化度值大于分析带宽为 1 Hz 时的噪声频带内的频域极化度值。

图 3.37 为直接利用傅里叶变换的极化分析方法提取的极化滤波系数时频图，该时频图的分段方法同图 3.36 的分段方法。图 3.38 为利用图 3.36 中的频

域极化度得到的四阶累积量联合极化滤波系数时频图。

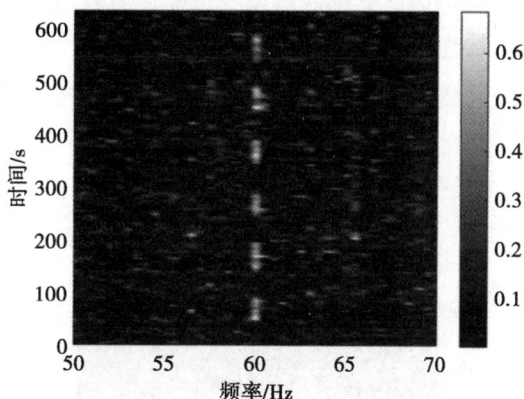

图 3.37　直接利用傅里叶变换的极化分析方法得到的极化滤波系数时频图

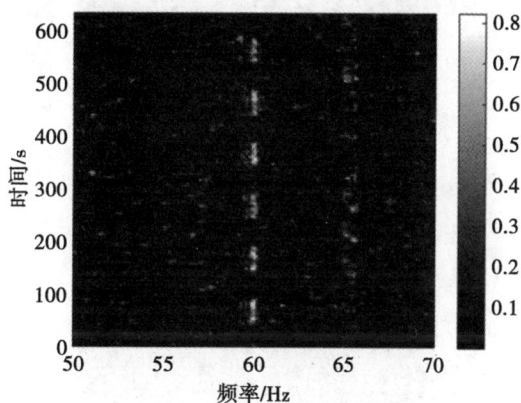

图 3.38　四阶累积量联合极化滤波系数时频图

　　从图 3.37 中可以看到，直接利用傅里叶变换的极化分析方法提取的线谱所在频带内的频域极化度值约为 0.4，高斯白噪声和高斯色噪声频带内的频域极化度值约为 0.01。从图 3.38 中可以看到，利用四阶累积量极化分析方法提取的线谱所在频带内的频域极化度值约为 0.8，大于直接利用傅里叶变换的极化分析方法提取的线谱所在频带内的极化滤波系数。噪声频带内的频域极化度值小于直接利用傅里叶变换的极化分析方法得到的噪声频带内的极化滤波系数。利用四阶累积量极化分析方法提取的线谱所在频带内的频域极化度值约为 0.8，大于直接利用傅里叶变换的极化分析方法提取的线谱所在频带内的频域极化度值。高斯白噪声和高斯色噪声处的频域极化度值约为 0.06，频域极化度值较小,可以用来抑制噪声。

图 3.39 为 x, y 通道仿真数据四阶累积量极化滤波谱 LOFAR 图。其中,图 3.39(a)为 x 通道仿真数据四阶累积量极化滤波谱 LOFAR 图,图 3.39(b)为 y 通道仿真数据四阶累积量极化滤波谱 LOFAR 图。这里的四阶累积量对角切片谱 LOFAR 图的分段时长同样为 10 s,重叠时长为 5 s。在两幅图中可以看到,x, y 两通道的色噪声谱值减小,噪声谱方差减小,线谱信号得到了保留,提取出了线谱信号。

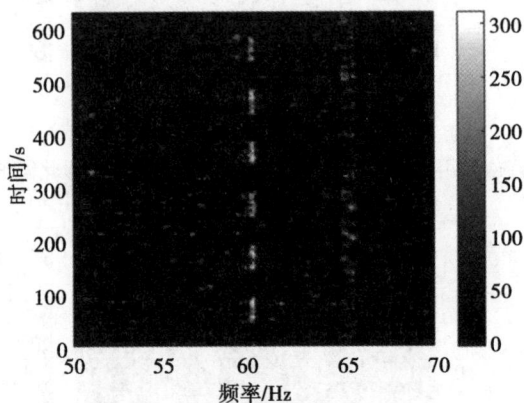

(a)x 通道

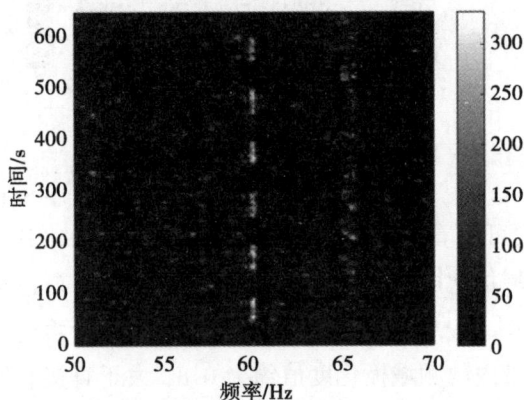

(b)y 通道

图 3.39　两通道仿真数据四阶累积量极化滤波谱 LOFAR 图

◆◇ 3.6 线谱多重自相关极化滤波算法

多重自相关方法是对信号进行多次自相关的信号处理方法。多重自相关方法相比自相关方法具有更好的信号检测能力，并且该方法有简单的理论推导过程及明确的物理意义[131-133]。本节研究信号的多重自相关对线谱信号极化特性提取的影响，并且将多重自相关方法和线谱信号的极化特性相结合，提出线谱信号的多重自相关极化滤波算法。

3.6.1 多重自相关极化分析方法

对于线谱信号，其表达式为

$$y(t) = s(t) + n(t) = A\cos(\omega t + \varphi) + n(t) \tag{3.31}$$

则其自相关函数可以表示为[132]

$$R_Y(\tau) = R_S(\tau) + E[s(t) \cdot n(t+\tau)] + E[s(t+\tau) \cdot n(t)] + R_N(\tau)$$

$$= \frac{A^2\cos(\omega\tau)}{2} + \frac{A^2}{2T}\int_0^T \cos[\omega(2t+\tau) + 2\varphi]\mathrm{d}t + \frac{1}{T}\int_0^T s(t)\mathrm{d}t \cdot$$

$$\frac{1}{T}\int_0^T n(t+\tau)\mathrm{d}t + \frac{1}{T}\int_0^T s(t+\tau)\mathrm{d}t \cdot \frac{1}{T}\int_0^T n(t)\mathrm{d}t + R_N(\tau)$$

$$\tag{3.32}$$

对式(3.32)化简，有

$$y_1(t) = A_1\cos(\omega t + \varphi_1) + n_1(t) \tag{3.33}$$

式中，T 为积分时间，A_1 和 φ_1 分别为余弦函数的幅度和相位，$A_1\cos(\omega_1 t + \varphi_1)$ 是 $R_S(\tau)$ 和 $E[s(t)n(t+\tau)]$ 的叠加，$n_1(t)$ 是 $E[s(t+\tau)n(t)]$ 和 $R_N(\tau)$ 的叠加。

由式(3.33)可以看出，线谱信号的相关运算结果与原信号的幅度和相位不同，但是频率相同，因此可以利用相关运算后的信号再做相关运算来提取线谱信号，其中，每次相关运算的延迟量都为 $|\tau| = N-1$。对其做傅里叶变换，得到多重自相关谱，多重自相关谱的相应的频率单元数增多，增加了频域极化分析方法的分析带宽内的分析点数，因此可以利用各通道信号的多重自相关函数来提高线谱信号的信噪比，以及对线谱信号频域极化度的提取能力。具体做法是对各通道信号的多重自相关做傅里叶变换，以构成谱矩阵 $\boldsymbol{R}_{\mathrm{Corr}}(f)$，从而代替原始信号频域数据矩阵 $\boldsymbol{R}(f)$ 进行频域极化分析，将这种方法称为多重自相关极

化分析方法。

3.6.1.1　多重自相关极化分析方法性能分析

以下首先以二重自相关极化分析方法为例,对信号的二重自相关极化特性和频域极化度对多重自相关分析方法适用性两方面进行分析,然后分析不同自相关重数下的频域极化度提取性能和多重自相关极化分析方法的影响因素。

(1)极化特性分析

对图 3.4 所对应的信号求二重自相关谱,线谱所在频带内各频点频谱幅值分布图见图 3.40(a),带宽为 1 Hz;随机抽取噪声频带内各频点频谱幅值分布图见图 3.40(b),带宽为 1 Hz。

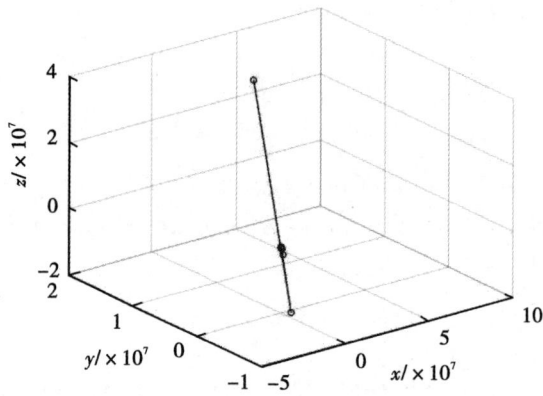

(a)线谱所在频带内

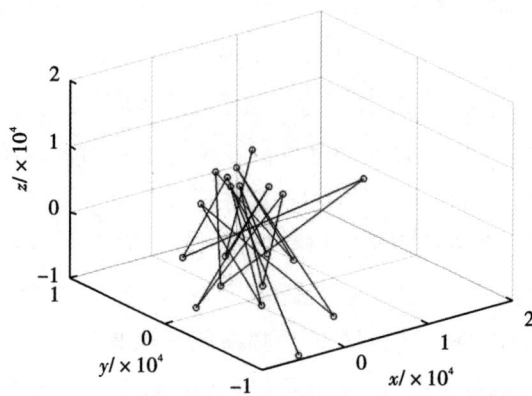

(b)噪声频带内

图 3.40　仿真信号的二重自相关各频点频谱幅值分布图

　　从图 3.40(a)中可以看到,线谱所在频带内的二重自相关各频点频谱幅值分布图形接近一条直线。从图 3.40(b)中可以看到,噪声频带内的二重自相关各频点频谱幅值分布图形较杂乱,能量分布较分散。由此可知,二重自相关运算很好地揭示了线谱信号和噪声的极化特性。

　　(2)频域极化度对于多重自相关极化分析方法适用性分析

　　为了分析本书所提出的频域极化度对于多重自相关函数是否适用,以二重自相关极化分析为例,给出了不同信噪比下 500 次蒙特卡罗试验利用二重自相关极化分析方法提取出的 5 种极化参数值结果,见图 3.41。其中,图 3.41(a)为线谱所在频带内的极化参数值提取结果,图 3.41(b)为噪声频带内的极化参数均值提取结果,图 3.41(c)为线谱所在频带内的极化参数值和噪声频带内极化参数均值的比值。

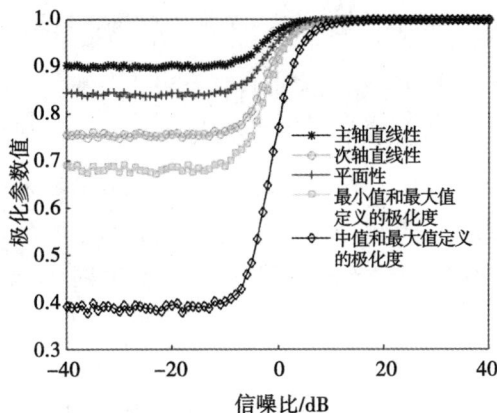

(a)线谱所在频带内的极化参数值

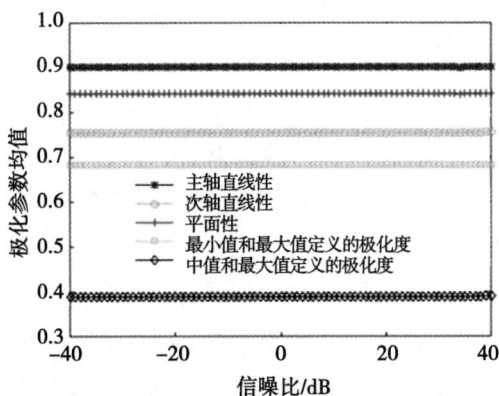

(b)噪声频带内的极化参数均值

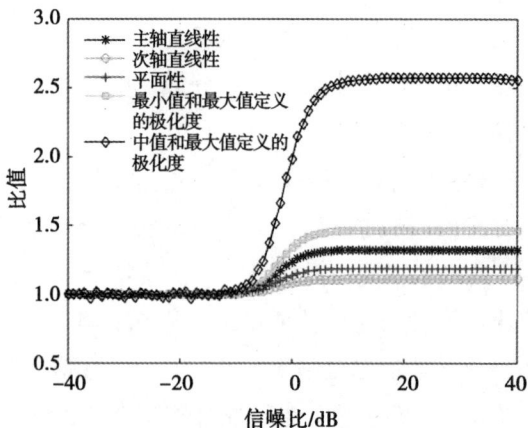

（c）线谱所在频带内的极化参数值和噪声频带内极化参数均值的比值

图 3.41　不同信噪比下利用二重自相关极化分析方法提取 5 种极化参数统计结果

从图 3.41（a）中可以看到，利用二重自相关极化分析方法提取的 5 种线谱信号极化参数值在 0~1。当信噪比小于 8 dB 时，其值由大到小分别是主轴直线性、次轴直线性、平面性、由奇异值的最小值和最大值计算得到的极化度及频域极化度参数，且主轴直线性、次轴直线性、平面性、由奇异值的最小值和最大值计算得到的极化度大于 0.5；当信噪比大于 8 dB 时，随着信噪比的增大，5 种极化参数值趋近于 1。

从图 3.41（b）中可以看到，利用二重自相关谱提取的 5 种噪声极化参数均值不随信噪比的改变而改变，从大到小分别是主轴直线性、次轴直线性、平面性、由奇异值最小值和最大值计算得到的极化度及本书所提出的频域极化度参数。其中，除了本书所提出的频域极化度参数，其他 4 种极化参数均值均大于 0.6，不能很好地反映噪声的极化程度。

从图 3.41（c）中可以看到，当信噪比大于 −10 dB 时，频域极化度参数所对应的比值大于其他 4 种极化参数所对应的比值。

由以上分析可知，频域极化度适用于多重自相关极化分析方法。

（3）自相关重数的影响

其他条件不变，自相关重数为 1~5，给出不同信噪比下 500 次蒙特卡罗试验频域极化度提取结果，见图 3.42。其中，图 3.42（a）为线谱所在频带内的频域极化度值提取结果，图 3.42（b）为噪声频带内的频域极化度均值提取结果，图 3.42（c）为信噪比为 30 dB 时不同分析带宽下的线谱所在频带内的频域极化度值和噪声频带内的频域极化度均值的对比结果。

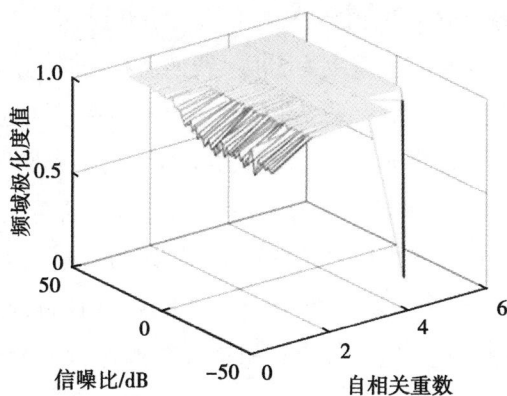

（a）线谱所在频带内的频域极化度值

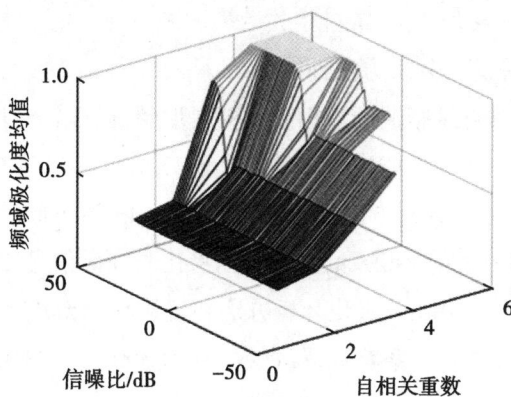

（b）噪声频带内的频域极化度均值

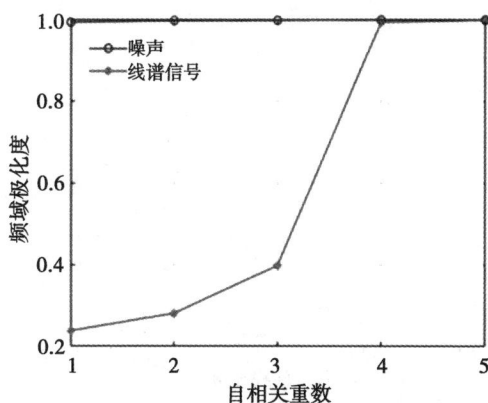

（c）信噪比为 30 dB 时，频域极化度对比结果

图 3.42   自相关重数对频域极化度提取的影响

从图 3.42(a)中可以看到，当信噪比大于−26 dB 时，不同自相关重数下的线谱所在频带内的频域极化度值始终在 0.85~1.00，受自相关重数影响不大；当信噪比小于−26 dB，自相关重数为 5 时，线谱所在频带内的频域极化度值较小，可见自相关重数对于线谱信号极化特性的提取不是重数越大越好。

从图 3.42(b)中可以看到，随着重数的升高，噪声频带内的频域极化度均值大体上呈递增趋势；当信噪比在−40~16 dB 时，没有提取出频域极化度。

从图 3.42(c)中可以清晰地看到，噪声频带内的频域极化度均值受自相关重数影响较大。当自相关重数增加到 4 时，噪声频带内的频域极化度均值与信号的频域极化度值较接近，这是因为自相关重数越高，噪声越少，噪声的随机性变差。

由对图 3.42 的分析可知，自相关重数直接影响频域极化度的提取，自相关重数不宜选择过高，可取 1~3 重自相关运算。

(4)多重自相关极化分析方法性能分析

由于自相关重数直接影响频域极化度的提取情况，以下对二重自相关和三重自相关极化分析方法的性能进行分析。

① 二重自相关极化分析方法性能分析。图 3.43 为不同信噪比下，当直接对线谱信号做傅里叶变换所得频谱的输出信噪比与线谱信号二重自相关谱的输出信噪比相同时，二重自相关极化分析方法和直接利用傅里叶变换的极化分析方法提取频域极化度情况，蒙特卡罗试验次数为 500 次。图 3.43(a)为线谱所在频带内利用两种方法提取的频域极化度值，图 3.43(b)为噪声频带内利用两种方法提取的频域极化度均值。

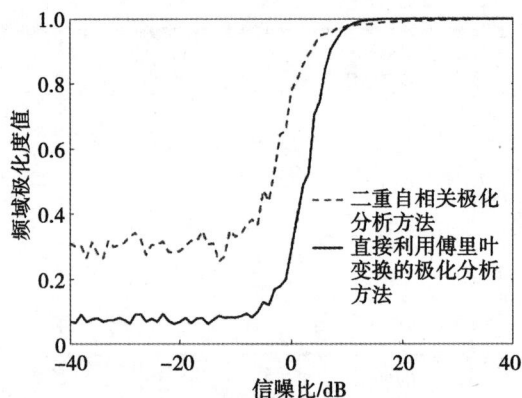

(a)线谱所在频带内的频域极化度值

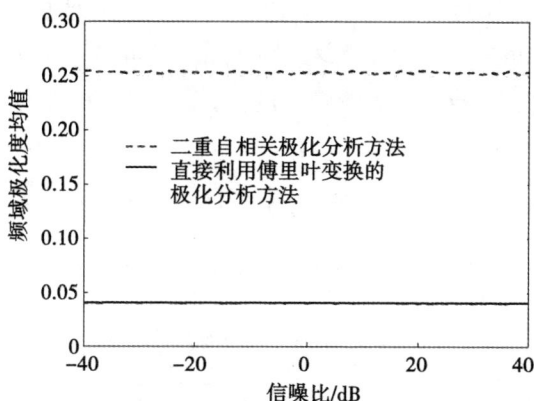

（b）噪声频带内的频域极化度均值

图 3.43　二重自相关极化分析方法和直接利用傅里叶变换的极化分析方法的性能对比

从图 3.43（a）中可以看到，当信噪比大于 10 dB 时，利用两种极化分析方法所得到的线谱所在频带内的频域极化度值接近，频域极化度值大于 0.9；当信噪比大于 −9 dB 且小于 10 dB 时，利用两种极化分析方法得到的线谱所在频带内的频域极化度值相差越来越大，利用二重自相关极化分析方法得到的线谱信号频域极化度值大于直接利用傅里叶变换的极化分析方法得到的线谱频域极化度值；当信噪比为 4 dB 时，利用二重自相关极化分析方法得到的线谱所在频带内的频域极化度值仍大于 0.9，而直接利用傅里叶变换的极化分析方法所得到的线谱频域极化度值约为 0.7；当输出信噪比为 3 dB 时，利用二重自相关极化分析方法得到的线谱所在频带内的频域极化度值约为 0.89，而直接利用傅里叶变换的极化分析方法所得到的线谱所在频带内的频域极化度值只有约为 0.53。由此可知，二重自相关极化分析方法比直接利用傅里叶变换的极化分析方法对线谱信号的极化特性有更好的分析性能。

从图 3.43（b）中可以看到，利用两种极化分析方法得到的噪声频带内的频域极化度均值不随信噪比的改变而改变，利用二重自相关极化分析方法得到的噪声谱频域极化度值约为 0.25，而直接利用傅里叶变换的极化分析方法得到的噪声频带内的频域极化度值约为 0.04。由此可知，利用二重自相关极化分析方法得到的噪声谱频域极化度值大于直接利用傅里叶变换的极化分析方法得到的噪声谱频域极化度值，但是不影响对线谱信号的提取。

② 三重自相关极化分析方法性能分析。图 3.44 为不同信噪比下，当直接对线谱信号做傅里叶变换所得频谱的输出信噪比与线谱信号的三重自相关谱的

输出信噪比相同时，三重自相关极化分析方法和直接利用傅里叶变换的极化分析方法提取频域极化度情况，蒙特卡罗试验次数为 500 次。图 3.44(a) 为线谱所在频带内利用两种方法提取的频域极化度值，图 3.44(b) 为噪声频带内利用两种方法提取的频域极化度均值。

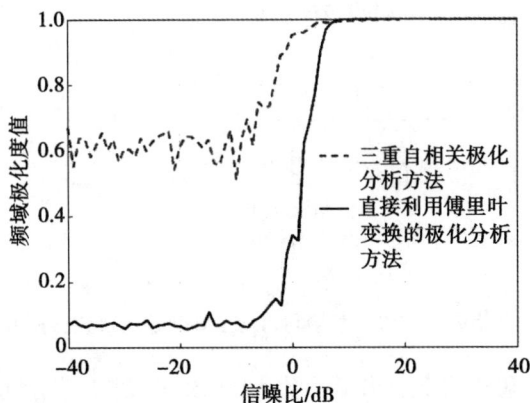

(a)线谱所在频带内的频域极化度值

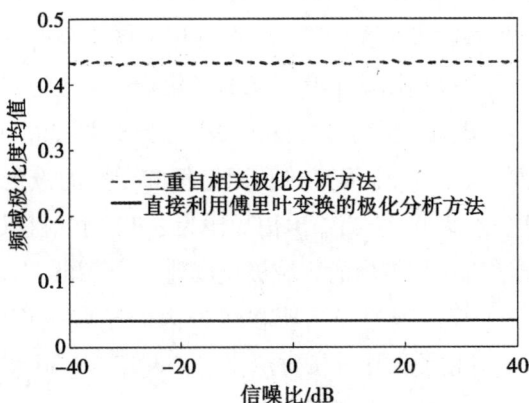

(b)噪声频带内的频域极化度均值

图 3.44　三重自相关极化分析方法和直接利用傅里叶变换的极化分析方法的性能对比

从图 3.44(a) 中可以看到，当信噪比大于 7 dB 时，利用两种极化分析方法所得到的线谱信号的频域极化度值接近，线谱频域极化度值大于 0.9；当信噪比大于 -8 dB 并且小于 7 dB 时，利用两种极化分析方法得到的线谱所在频带内的频域极化度值相差越来越大，利用三重自相关极化分析方法得到的线谱所在频带内的频域极化度值大于直接利用傅里叶变换的极化分析方法得到的线谱所在频带内的频域极化度值；当信噪比为 -1 dB 时，利用三重自相关极化分方法得到的线谱所在频带内的频域极化度值仍大于 0.9，而直接利用傅里叶变换的极化分析方法所得到的线谱所在频带内的频域极化度值约为 0.3。由此可知，三重自相关极化分析方法相比直接利用傅里叶变换的极化分析方法对线谱信号的极化特性有更好的分析性能。

从图 3.44(b)中可以看到，利用两种极化分析方法得到的噪声谱频域极化度均值不随信噪比的改变而改变，利用三重自相关极化分析方法得到的噪声频带内的频域极化度值约为 0.43，而直接利用傅里叶变换的极化分析方法得到的噪声频带内的频域极化度值约为 0.04，利用三重自相关极化分析方法到的噪声频带内的频域极化度值大于直接利用傅里叶变换的极化分析方法得到的噪声频带内的频域极化度值。

3.6.1.2 多重自相关极化分析方法影响因素分析

以下从分析带宽和信号时长两个方面分析多重自相关极化分析方法影响因素。

(1)分析带宽对频域极化度提取的影响

信号仿真条件不变，二重自相关极化分析方法提取频域极化度情况见图 3.45。其中，分析带宽为 0.1~1.0 Hz，分析步长为 0.1 Hz，信噪比范围为 -40~40 dB，分析步长为 1 dB。每个信噪比条件下，蒙特卡罗试验次数为 500 次。图 3.45(a)和图 3.45(b)分别为线谱所在频带内的频域极化度值和噪声频带内的频域极化度均值统计结果。图 3.45(c)和图 3.45(d)分别为信噪比为 30 dB 时线谱所在频带内的频域极化度值和噪声频带内的频域极化度均值统计结果。

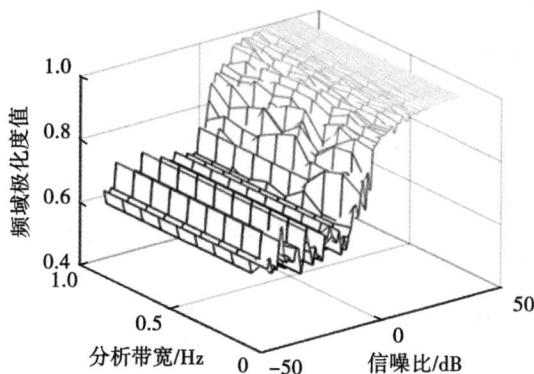

(a)线谱所在频带内的频域极化度值

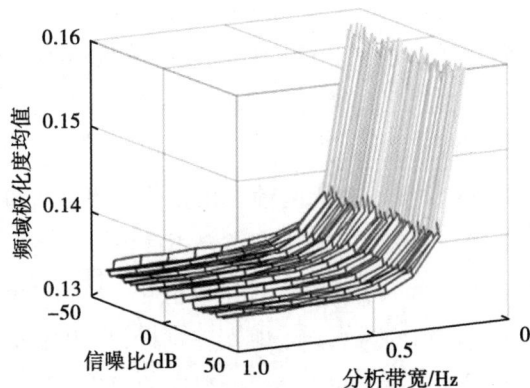

（b）噪声频带内的频域极化度均值

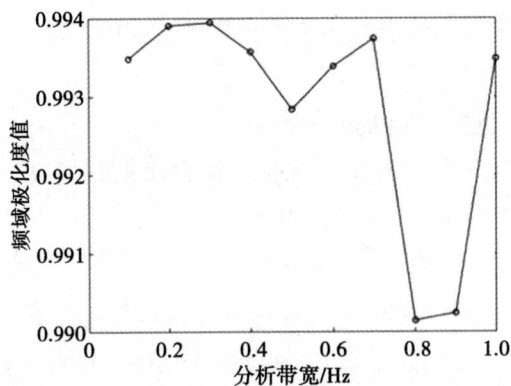

（c）信噪比为 30 dB 时线谱所在频带内的极化度值

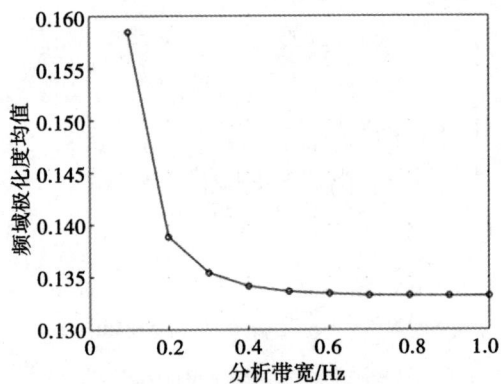

（d）信噪比为 30 dB 时噪声频带内的极化度均值

图 3.45　不同信噪比下改变分析带宽得到的频域极化度统计结果

从图 3.45(a)中可以看到,不同信噪比下,线谱所在频带内的频域极化度值随着分析带宽的增大变化较小,这从图 3.45(c)中可以更清晰地看到。从图 3.45(b)和图 3.45(d)中可以看到,不同信噪比下,噪声频带内的频域极化度均值随着分析带宽的增大而减小,最后趋于平稳。

(2)信号时长对频域极化度提取的影响

信号时长不同时,频域极化度统计结果见图 3.46。其中,图 3.46(a)为线谱所在频带内的频域极化度提取统计结果,图 3.46(b)为噪声频带内频域极化度均值提取统计结果。信号时长为 5~120 s,分析步长为 5 s,分析带宽为 1 Hz,蒙特卡罗试验次数为 500 次。

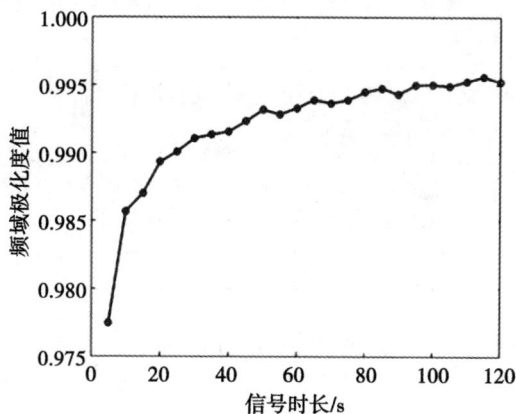

(a)线谱所在频带内的频域极化度值

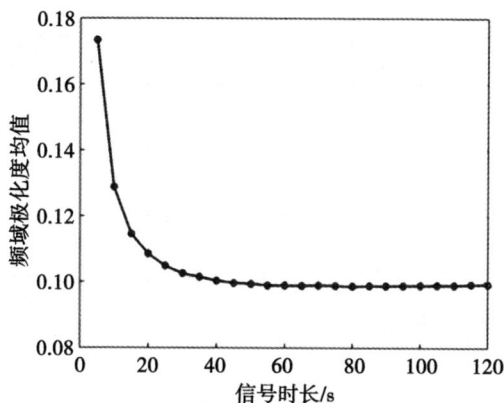

(b)噪声频带内的频域极化度均值

图 3.46　信号时长不同时频域极化度提取统计结果

从图 3.46(a)中可以看到,随着信号时长的增加,线谱所在频带内的频域极化度在 0.975~0.996 呈递增趋势,且随着信号时长的增加趋于平稳,可见,多重自相关线谱信号频域极化度受信号时长的影响较大。

从图 3.46(b)中可以看到,噪声频带内的频域极化度均值在 0.05~0.18 呈递减趋势,且随着信号时长的增加趋于平稳。

由以上分析结果总结出自相关重数、分析带宽和信号时长对多重自相关极化分析方法提取频域极化度的影响,见表 3.3。

表 3.3　自相关重数、分析带宽、时长对多重自相关极化分析方法提取性能的影响

增大自相关重数	线谱所在频带内的频域极化度值基本不变,噪声频带内的频域极化度值增大
增大分析带宽	线谱所在频带内的频域极化度值基本不变,噪声频带内的频域极化度值减小而后趋于平稳
增加信号时长	线谱所在频带内的频域极化度值增大而后趋于平稳,噪声频带内的频域极化度值减小而后趋于平稳

3.6.2　线谱多重自相关极化滤波算法仿真分析

3.6.2.1　算法的提出

由于多重自相关极化分析方法所对应的频率单元数较多,并且噪声频带内的频域极化度值受自相关重数和分析带宽的影响较大,采用相同重数的自相关函数在不同分析带宽下的频域极化度构造多重自相关联合极化滤波函数,公式如下:

$$\Phi_{\mathrm{Corr}}(f) = (\eta_{N_{\mathrm{Corr}}}(f) \cdot \eta_{W_{\mathrm{Corr}}}(f))^p \tag{3.34}$$

式中,$\eta_{N_{\mathrm{Corr}}}(f)$ 和 $\eta_{W_{\mathrm{Corr}}}(f)$ 分别对应窄带分析带宽内的频域极化度和宽带分析带宽内的频域极化度。

利用多重自相关联合极化滤波系数对多重自相关特征谱进行多重自相关极化加权来提取线谱信号(计算步骤见本书 3.5 节相关内容),最终得到各个通道的多重自相关极化滤波谱:

$$P_{j,\,cf}(f) = \Phi_{\mathrm{Corr}}(f) \cdot P''_{j,\,\mathrm{Corr}}(f) \tag{3.35}$$

式中,$P''_{j,\,\mathrm{Corr}}(f)$ 为各通道重构后的多重自相关特征谱(单位为 dB)。

多重自相关极化滤波算法流程如图 3.47 所示。

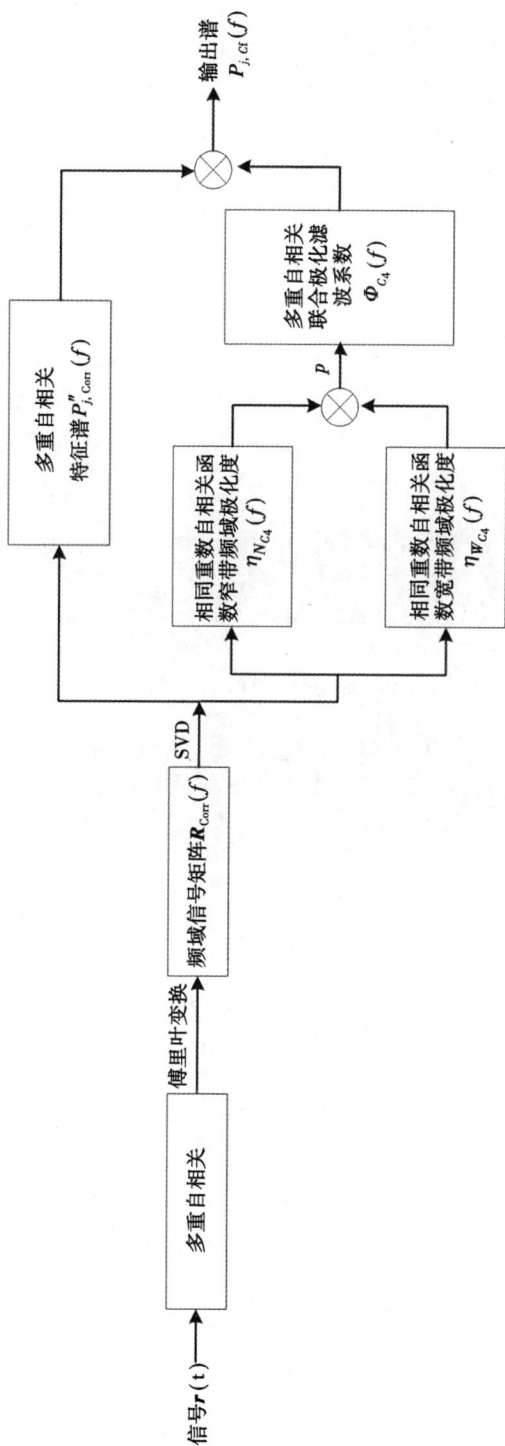

图3.47 多重自相关极化滤波算法流程图

3.6.2.2　线谱多重自相关极化滤波算法仿真分析

仿真条件：仿真 50 Hz 单频脉冲信号，单频信号时长为 100 s，信号幅度为 1 V，初始相位为 $\pi/5$，ϕ 为 60°，方位角 θ 设为 3.6°，采样频率为 2000 Hz，0~100 s 为噪声，100~200 s 为单频信号，信噪比为 5 dB，200~300 s 为噪声，噪声为高斯白噪声。

图 3.48 为 x，y 两通道仿真数据的二重自相关谱 LOFAR 图。其中，图 3.48(a) 为 x 通道仿真数据的二重自相关谱 LOFAR 图，图 3.48(b) 为 y 通道仿真数据的二重自相关谱 LOFAR 图。二重自相关谱 LOFAR 图的每段分析数据时长为 18 s，重叠时长为 9 s。图 3.49 为利用二重自相关极化分析方法提取的频域极化度时频图。其中，图 3.49(a) 为分析带宽为 0.5 Hz 时的频域极化度时频图，图 3.49(b) 为分析带宽为 1 Hz 时的频域极化度时频图。该时频图所对应的每段分析数据时长为 18 s，重叠数据时长为 9 s。

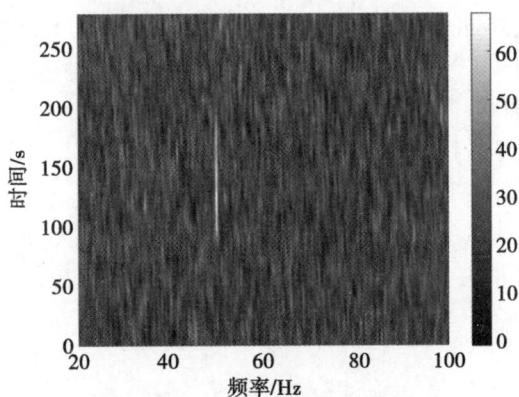

(a) x 通道

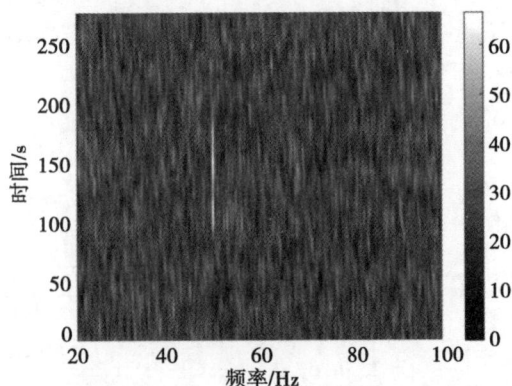

(b) y 通道

图 3.48　两通道仿真数据的二重自相关谱 LOFAR 图

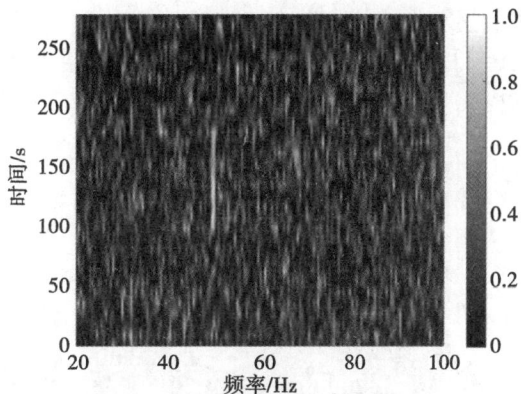

（a）分析带宽为 0.5 Hz

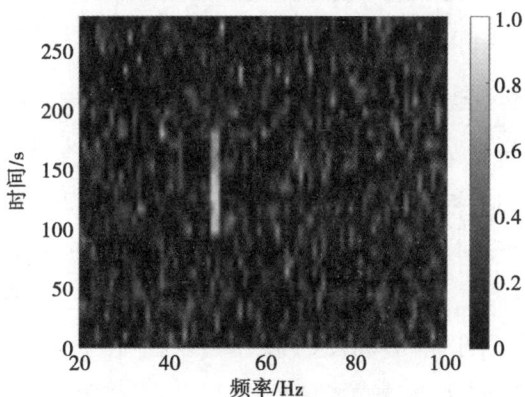

（b）分析带宽为 1 Hz

图 3.49　分析带宽不同时二重自相关极化分析方法提取的频域极化度时频图

从图 3.48 中可以看到，两通道二重自相关谱时频图中噪声谱方差较大，两通道信噪比约 18 dB。

从图 3.49 中可以看到，分析带宽为 0.5 Hz 时的线谱信号所在频带内的频域极化度值和分析带宽为 1 Hz 时的线谱所在频带内的频域极化度值基本相等，而分析带宽为 0.5 Hz 时噪声频带内的频域极化度值大于分析带宽为 1 Hz 时噪声频带内的频域极化度值。

图 3.50 为直接利用傅里叶变换的极化分析方法得到的极化滤波系数时频图，时频图的分段方法与图 3.49 的分段方法相同。图 3.51 为利用图 3.49 中的频域极化度得到的二重自相关联合极化滤波系数时频图。图 3.52 为 x，y 两通道仿真数据的二重自相关极化滤波谱 LOFAR 图。其中，图 3.52（a）为 x 通道仿

真数据的二重自相关极化滤波谱 LOFAR 图，图 3.52(b) 为 y 通道仿真数据的二重自相关极化滤波谱 LOFAR 图。二重自相关极化滤波谱 LOFAR 图所采用的每段分析数据时长同样为 18 s，重叠时长为 9 s。

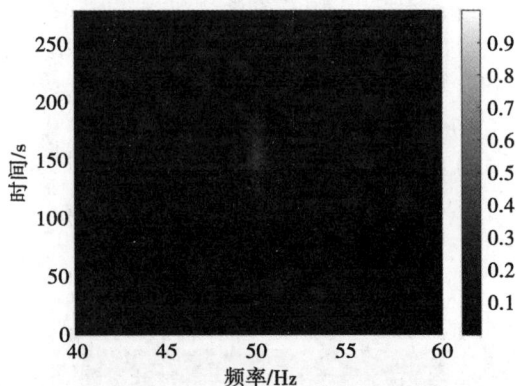

图 3.50　直接利用傅里叶变换的极化分析方法得到的极化滤波系数时频图

从图 3.50 中可以看到，线谱所在频带内的极化滤波系数值较小，约为 0.5，直接利用傅里叶变换的极化分析方法得到的极化滤波系数无法区分线谱信号和噪声所在的频率。从图 3.51 中可以看到，线谱所在频带内的联合二重自相关极化滤波系数值明显大于噪声频带内的极化滤波系数值，可以很好地区分线谱和噪声所对应的频率。从图 3.52 中可以看到，相比二重自相关谱，利用二重自相关极化滤波方法的噪声谱值较小，并且方差较小，线谱信号得到了保留，提取出线谱信号。

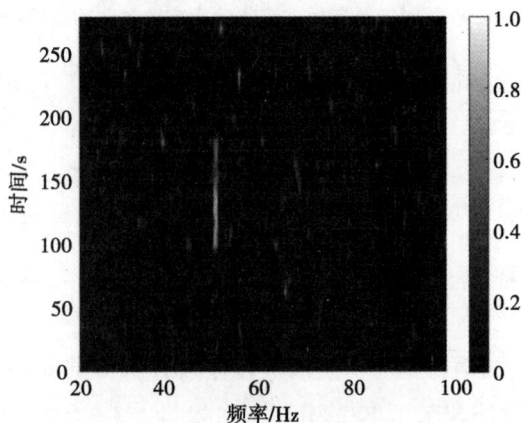

图 3.51　二重自相关联合极化滤波系数时频图

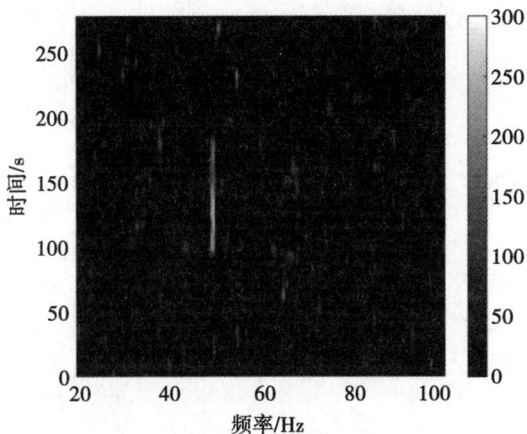

（a）x 通道

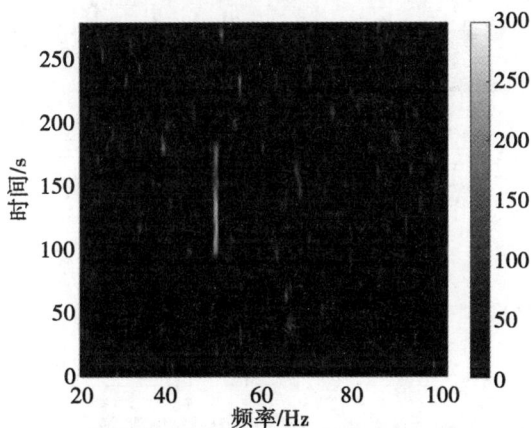

（b）y 通道

图 3.52　两通道仿真数据的二重自相关极化滤波谱 LOFAR 图

◆◇ 3.7　实验数据处理

实验地点为近岸海域，海水深度约为 40 m。实验数据采集示意图如图 3.53 所示，接收装置为 x，y 两通道岸基地震传感器，声源为固定在发射船上的低频大功率发射换能器，型号为 UW350，入水深度为 20 m，发射船锚定在不同航行距离时声源在海中发射单频长脉冲信号。实验 1 中发射脉冲信号频率为 55 Hz，实验 2 中发射脉冲信号频率为 65 Hz。由于在 50 Hz 和 90 Hz 处有很强的工频干扰，对接收到的数据进行 51~89 Hz 带通滤波的预处理。

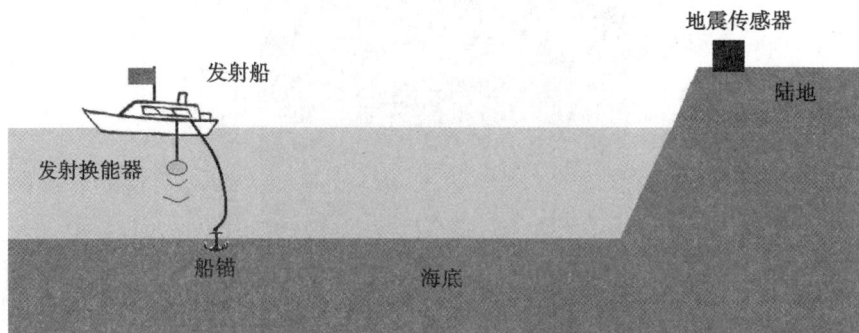

图 3.53　实验数据采集示意图

【实验 1】根据发射时间估计出所分析的数据中有 6 段长脉冲信号，时域波形如图 3.54 所示。从图 3.54 中可以看到，从时域波形上基本看不出地震波脉冲信号，在 150~200 s 有瞬态干扰存在。

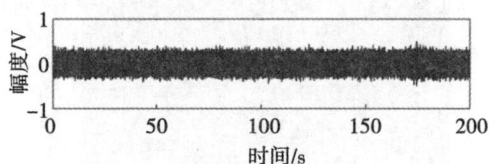

(a) x 通道信号时域波形

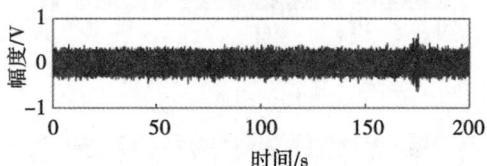

(b) y 通道信号时域波形

图 3.54　实验 1 两通道实测数据的时域波形

图 3.55 为 x, y 两通道实测数据的四阶累积量对角切片谱 LOFAR 图。其中，图 3.55(a) 为 x 通道实测数据的四阶累积量对角切片谱 LOFAR 图，图 3.55(b) 为 y 通道实测数据的四阶累积量对角切片谱 LOFAR 图。四阶累积量对角切片谱 LOFAR 图所采用的每段分析数据时长为 18 s，重叠时长为 9 s。从图 3.55(a) 中可以看到，x 通道中有 5 段线谱信号，线谱频率为 55 Hz，150 s 后有明显的瞬态干扰存在，影响对第 6 段线谱信号的检测。从图 3.55(b) 中可以看到，y 通道中线谱信号信噪比较低，线谱频率为 55 Hz，150 s 以后存在瞬态干扰。

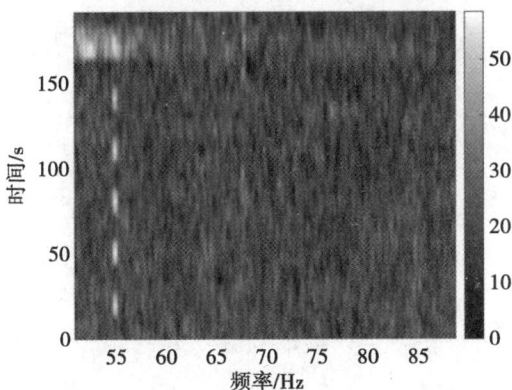

(a)x 通道

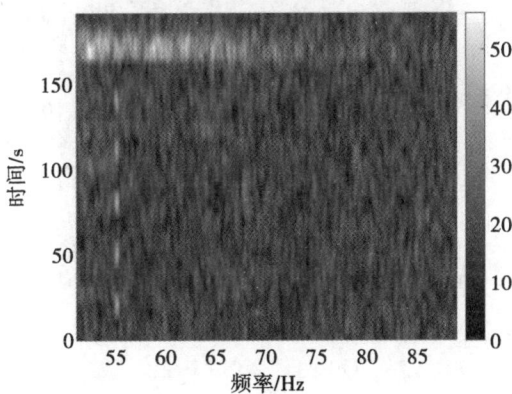

(b)y 通道

图 3.55　两通道实测数据的四阶累积量对角切片谱 LOFAR 图

　　图 3.56 为分析带宽不同时利用四阶累积量极化分析方法提取的频域极化度时频图。其中，图 3.56(a) 为分析带宽为 0.25 Hz 时的频域极化度提取结果，图 3.56(b) 为分析带宽为 1 Hz 时的四阶累积量对角切片频域极化度提取结果。图 3.57 为直接利用傅里叶变换的极化分析方法得到的极化滤波系数时频图。图 3.58 为利用图 3.56 中的频域极化度得到的四阶累积量联合极化滤波系数时频图。以上时频图的每段分析数据时长均为 18 s，重叠时长为 9 s。图 3.59 为 x,y 两通道实测数据的四阶累积量极化滤波谱 LOFAR 图。其中，图 3.59(a) 为 x 通道实测数据的四阶累积量极化滤波谱 LOFAR 图，图 3.59(b) 为 y 通道实测数据的四阶累积量极化滤波谱 LOFAR 图。该 LOFAR 图所采用的每段分析数据时长为 18 s，重叠时长为 9 s。

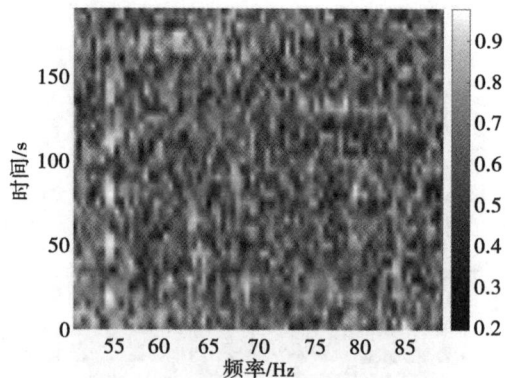

（a）分析带宽为 0.25 Hz

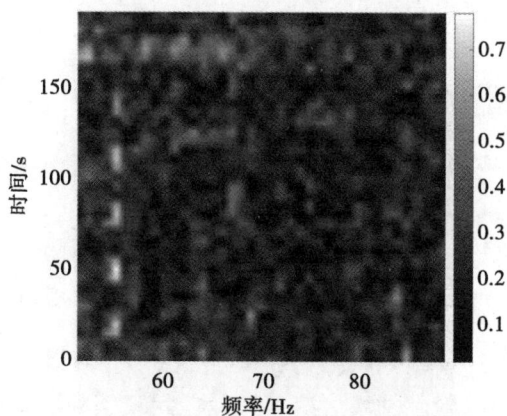

（b）分析带宽为 1 Hz

**图 3.56　分析带宽不同时四阶累积量极化分析方法
提取的频域极化度时频图**

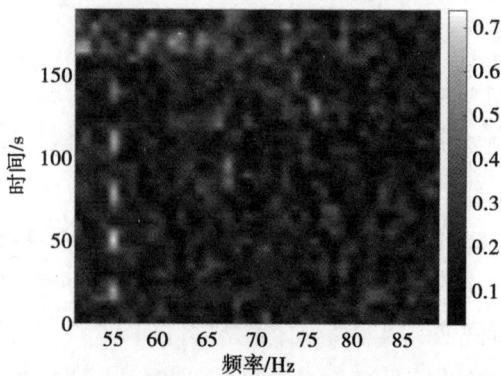

**图 3.57　实验 1 直接利用傅里叶变换的极化分析方法
得到的极化滤波系数时频图**

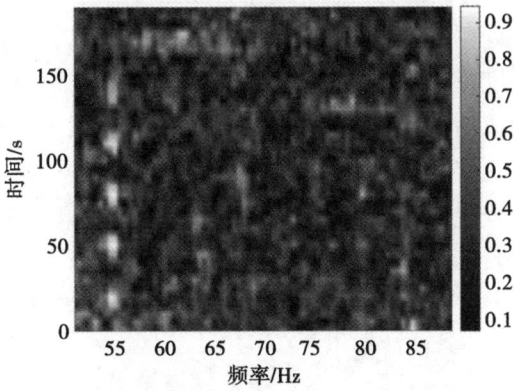

图 3.58　实验 1 四阶累积量联合极化滤波系数时频图

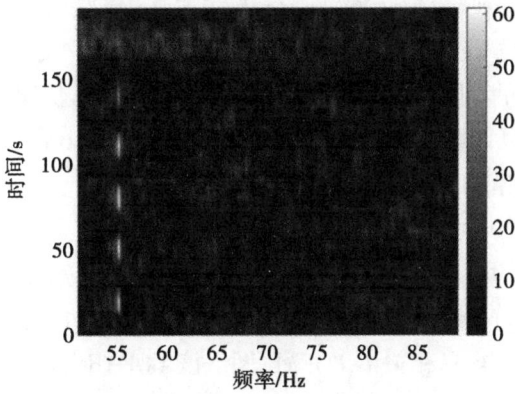

(a) x 通道

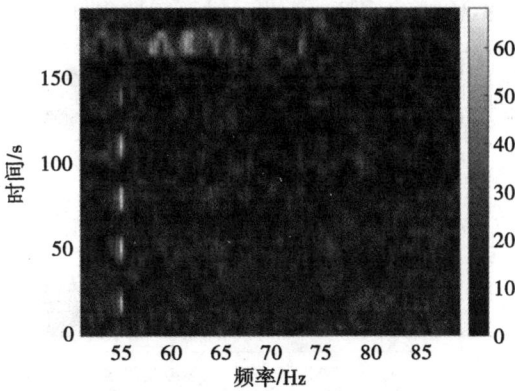

(b) y 通道

图 3.59　两通道实测数据的四阶累积量极化滤波谱 LOFAR 图

从图 3.56(a)中可以看到，分析带宽为 0.25 Hz 时的线谱处频域极化度值约为 0.95，噪声谱处的频域极化度均值约为 0.85，受瞬态干扰的影响，第 6 段线谱处的频域极化度值较小。从图 3.56(b)中可以看到，分析带宽为 1 Hz 时的线谱处频域极化度值约为 0.75，小于图 3.56(a)中的线谱处的频域极化度值；噪声谱处的频域极化度均值约为 0.35，小于图 3.56(a)中的噪声谱处的频域极化度均值。受瞬态干扰的影响，第 6 段线谱处的频域极化度值也较小。

从图 3.57 中可以看到，直接利用傅里叶变换的极化分析方法得到的极化滤波系数值在前 5 段线谱处约为 0.7，噪声谱处的极化滤波系数值约为 0.1；第 6 段线谱处的极化滤波系数值较小。

从图 3.58 中可以看到，前 5 段线谱处的四阶累积量联合极化滤波系数值约为 0.9，大于直接利用傅里叶变换极化分析方法得到的极化滤波系数值；噪声谱处的四阶累积量联合极化滤波系数值约为 0.4。受瞬态干扰的影响，第 6 段线谱处的四阶累积量极化滤波系数也较小。

从图 3.59 中可以看到，x,y 两通道中的瞬态干扰谱值减小，可以检测到第 6 段线谱信号，可见四阶累积量极化滤波谱提取出了第 6 段线谱信号的极化特征，其他时段的线谱信号也被提取出来。

【实验 2】根据发射时间估计出所分析的数据中有 4 段长脉冲信号，时域波形如图 3.60 所示。图 3.61 为 x,y 两通道实测数据的二重自相关谱 LOFAR 图。其中，图 3.61(a)为 x 通道实测数据的二重自相关谱 LOFAR 图，图 3.61(b)为 y 通道实测数据的二重自相关谱 LOFAR 图。该 LOFAR 图所采用的每段分析数据时长为 10 s，重叠时长为 5 s。从图 3.61(a)中可以看到，x 通道中可以检测到 4 段线谱信号，输出信噪比约为 10 dB，噪声谱方差较大。从图 3.61(b)中可以看到，y 通道中线谱信号的信噪比较低，没有提取出线谱信号。

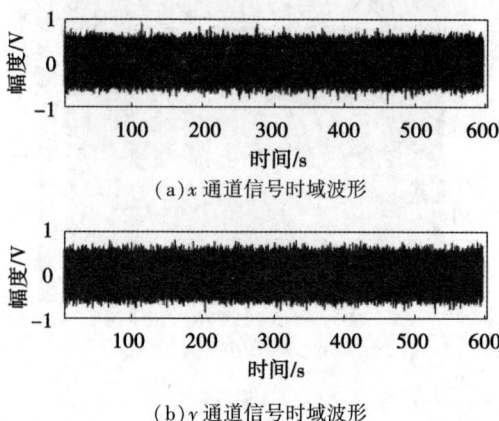

(a)x 通道信号时域波形

(b)y 通道信号时域波形

图 3.60　实验 2 两通道实测数据时域波形

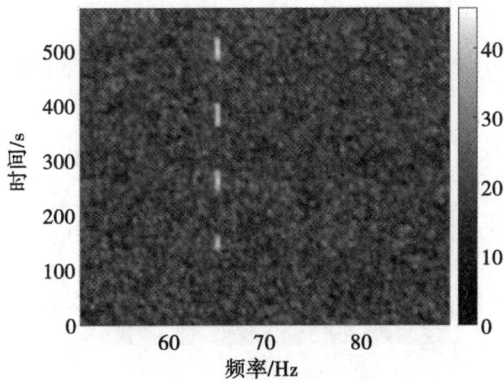

(a) x 通道

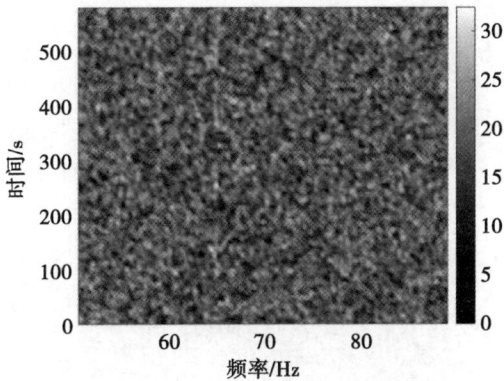

(b) y 通道

图 3.61　两通道实测数据的二重自相关谱 LOFAR 图

图 3.62 为直接利用傅里叶变换的极化分析方法得到的极化滤波系数时频图，该时频图的每段分析数据的时长同样为 10 s，重叠时长为 5 s。图 3.63 为二重自相关联合极化滤波系数时频图。

从图 3.62 中可以看到，直接利用傅里叶变换的极化分析方法得到的极化滤波系数在 0.01~0.60，线谱处的频域极化度值较小，不利于对线谱信号的提取。

从图 3.63 中可以看到，二重自相关联合极化滤波系数值在 0.45~1.00，第 2~4 段线谱处的频域极化度值较大，约为 0.9，大于直接利用傅里叶变换的极化分析所得到的频域极化度值，很好地反映了线谱信号的极化特性。

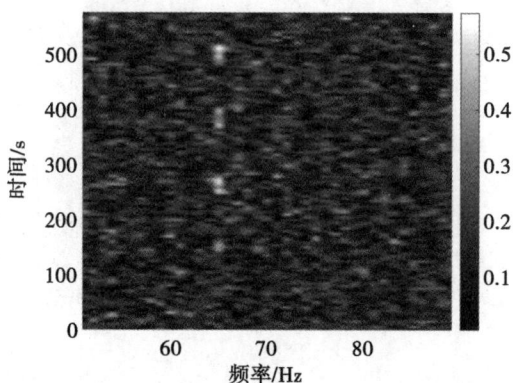

图 3.62　实验 2 直接利用傅里叶变换的极化分析方法
得到的极化滤波系数时频图

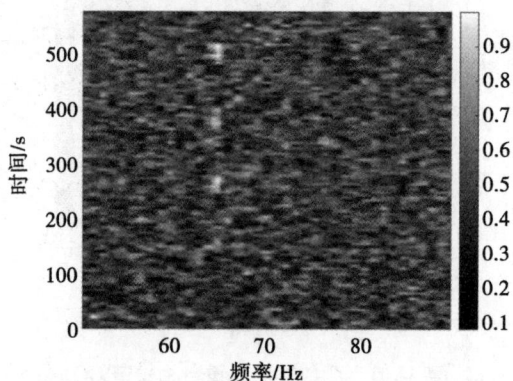

图 3.63　实验 2 二重自相关联合极化滤波系数时频图

图 3.64 为 x, y 两通道实测数据的二重自相关极化滤波谱 LOFAR 图。其中，图 3.64(a) 为 x 通道实测数据的二重自相关极化滤波谱时频图，图 3.64 (b) 为 y 通道实测数据的二重自相关极化滤波谱时频图。该 LOFAR 图所采用的每段分析数据时长同样为 10 s，重叠时长为 5 s。从图 3.64 中可以看到 x, y 两通道中的噪声谱值减小，并且噪声谱方差减小，线谱信号得到了保留，提取出了线谱信号。

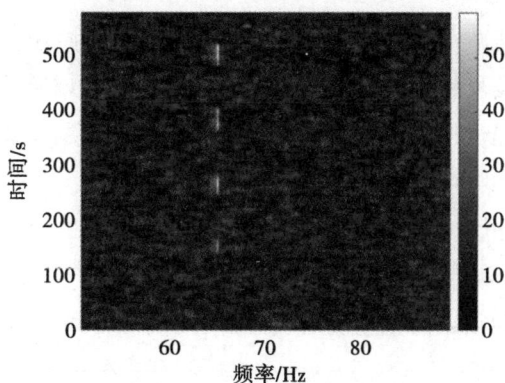

(a) x 通道

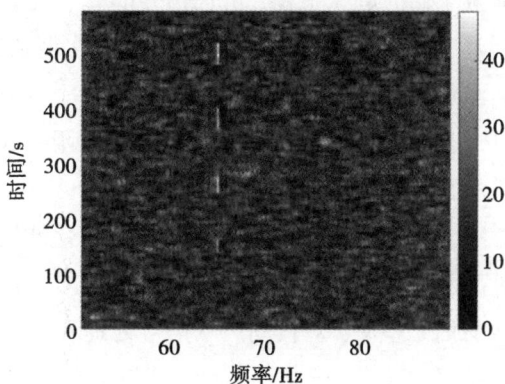

(b) y 通道

图 3.64　两通道实测数据的二重自相关极化滤波谱 LOFAR 图

◆◇ 3.8　本章小结

　　本章对地震传感器接收到的线谱信号进行了频域极化分析, 研究了适用于线谱信号的频域极化度参数和线谱极化滤波算法。对极化滤波函数影响因素进行了分析, 针对直接利用傅里叶变换的极化分析方法受分析点数制约及水面船只信号信噪比较低的问题, 对四阶累积量极化分析方法、多重自相关极化分析方法和相应的线谱极化滤波算法进行了研究。本章得出的结论具体如下:

① 对于直接利用傅里叶变换的极化分析方法，增大分析带宽使线谱所在频带内的频域极化度值减小，噪声频带内的频域极化度值减小而后趋于平稳；增加信号时长使线谱信号的频域极化度值在小范围内呈递增趋势，而噪声的频域极化度值减小而后趋于平稳；通过对傅里叶变换点数补零来增加分析点数的方法不会对线谱信号和噪声带来新的极化信息，不宜采用；

② 对于四阶累积量极化分析方法，增大分析带宽使线谱所在频带内的频域极化度值减小，噪声频带内的频域极化度值减小而后趋于平稳；增加信号时长使线谱所在频带内的频域极化度值增大而后趋于平稳，噪声频带内的频域极化度值减小而后趋于平稳；

③ 对于多重自相关极化分析方法，受自相关重数影响较大，可取 1~3 重自相关运算；增大分析带宽，线谱所在频带内的频域极化度值基本不变，噪声频带内的频域极化度值减小而后趋于平稳；增加信号时长，线谱所在频带内的频域极化度值增大而后趋于平稳，噪声频带内的频域极化度值减小而后趋于平稳；

④ 在低信噪比下，构造的四阶累积量联合极化滤波函数和多重自相关联合极化滤波函数使线谱所在频带内有较大的频域极化度值；

⑤ 仿真分析和实验数据处理结果表明，所提出的极化滤波算法无需目标的先验知识，可以抑制背景噪声干扰，从而提取出线谱信号，实现了强背景噪声干扰下的水面船只微弱信号检测，对被动声呐信号处理和水声目标远距离探测有较好的应用前景。

第4章 舰船地震波信号调制特性分析与听觉特征提取研究

4.1 引 言

    水声听音处理中往往根据"节奏感"的不同识别舰船目标，水声听音处理是任何自动识别装置无法取代的。舰船地震波是一种低频信号，这不利于听音判型。同时，长时间听音会对人的身心造成损害。

    本章首先对舰船地震波的调制特性进行分析。其次，研究舰船地震波包络调制信号移频处理的心理声学特征参数变化规律，以及听觉特征提取算法。对不同频率带宽的低频信号进行移频处理，在各个移频频率处计算响度、尖锐度、波动度，分析并总结移频前后响度差值、移频后尖锐度和移频前后波动度差值的变化规律，为听音中的移频处理提供理论依据。针对舰船地震波具有包络调制特性且在听音时具有"节奏感"的特点，分析时变响度计算模型的特征提取结果对舰船地震波包络调制信号的适用性。在此基础上，提出节拍响度变化量特征。最后，分析听觉滤波器对舰船地震波线谱信号的提取性能，研究等带宽三角形滤波器倒谱系数特征。

4.2 舰船地震波信号调制特性分析

    舰船的螺旋桨在水中旋转时在一定条件下会产生空化噪声，而空化噪声是最主要的噪声源[134]。空化现象与螺旋桨叶片上的静压力有关，当静压力减小到螺旋桨界面与水介质分离时，空化现象产生；当海水压力增大而抑制气泡破裂时，空化现象消失。

流空化参数和起始空化参数为衡量空化程度的两个空化参数。流空化参数与静压力成正比，与流速成反比。若要减小该参数，即加剧空化的程度。产生空化域的几何形状决定了起始空化参数，该参数可用于判断是否发生空化。流空化参数与起始空化参数之间的关系决定了螺旋桨的空化程度。空化产生的条件是流空化参数必须小于起始空化参数。空化程度与流体空化参数成反比，与起始空化参数成正比。在尾流速度减小的同时螺旋桨的叶片迎角变大，从而使起始空化参数增大。由于在叶梢，螺旋桨叶片的周向运动速度比尾流速度快很多，流空化参数基本不受尾流周向变化的影响，因此，螺旋桨叶片摇至顶点时，流空化参数基本不变，起始空化参数增大，空化变得剧烈。螺旋桨的各个叶片将循环往复地依次打至顶点，导致螺旋桨空化噪声的时域波形依次出现各叶片的包络调制现象，即螺旋桨空化噪声具有包络调制特性。

为了验证地震传感器能否接收到舰船的螺旋桨空化噪声，在海洋中开展了海底地震波接收实验。实验中将一个三通道地震传感器布放在海底，一艘渔船从距离为 1 km 处远离地震传感器匀速行驶。图 4.1 给出了一段三通道地震传感器接收到的信号的 DEMON 谱时频图。图 4.1(a) 为 x 通道信号的 DEMON 谱时频图，图 4.1(b) 为 y 通道信号的 DEMON 谱时频图，图 4.1(c) 为 z 通道信号的 DEMON 谱时频图。该实验采用的解调方法是平方律解调方法，带通滤波频段为 300~600 Hz。从图 4.1 中可以看到，x, y, z 三通道中利用 DEMON 谱提取出了基频为 5 Hz 的线谱信号，由此可知，地震传感器可以接收到舰船辐射噪声的低频包络调制信号。

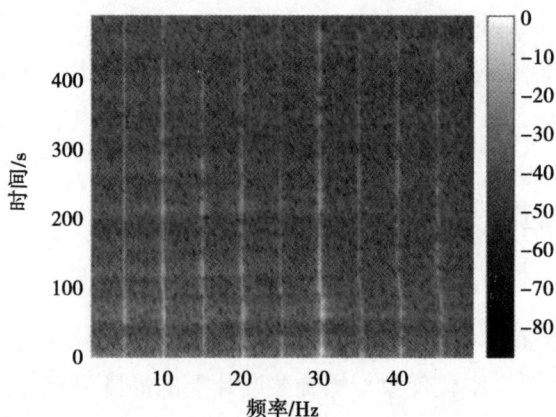

(a) x 通道

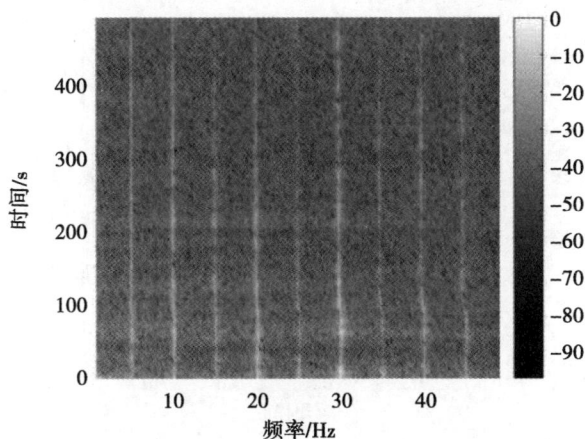

（b）y 通道

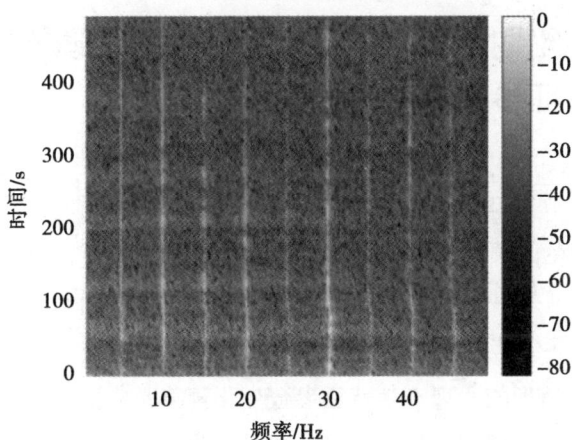

（c）z 通道

图 4.1　舰船地震波信号的 DEMON 谱时频图

　　图 4.2 为 y 通道中 300~600 Hz 带通滤波后的 1 s 信号的时域波形。从图 4.2 中可以看到，300~600 Hz 带通滤波后的舰船地震波信号的时域波形中存在 5 个能量较大的脉冲，也就是说，在 1 s 的时段内该带通滤波后的信号的变化率为 5 Hz，这与图 4.1 提取的结果相对应。对该段信号进行放大、听测，可听到有 5 个重拍，为"呜呜……"的有节奏的声音，且节奏重拍与图 4.2 中 5 个能量较强的脉冲相对应。

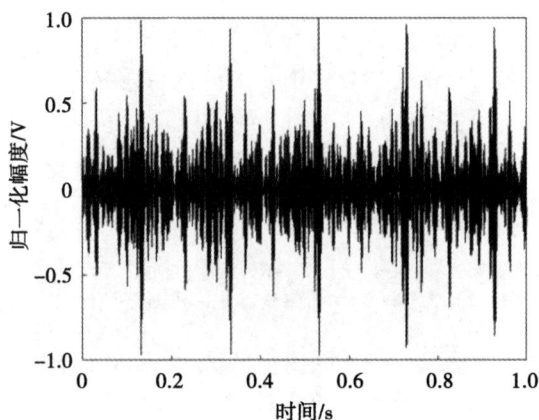

图 4.2　300~600 Hz 带通滤波后的舰船地震波信号的时域波形

◆◇ 4.3　舰船地震波包络调制信号移频处理的心理声学特征参数变化规律研究

由本书 4.2 节可知,地震传感器可以接收到舰船辐射噪声的包络调制信号,但是该信号在低频段,不利于通过听音方法对舰船目标进行探测。在声呐探测中,移频处理是一种常用的信号处理方法,它可以将放大、滤波后的高信噪比信号搬移到人耳反应较灵敏、不易疲劳的频段。因此,研究舰船地震波包络调制信号移频处理的心理声学特征参数变化规律是有意义的。

图 4.3 为听音处理流程。听音处理即对接收到的信号先进行放大、滤波处理,再进行移频处理,经过音频处理,最后输入耳机进行听测。

利用傅里叶变换的调制定理对舰船地震波包络调制信号进行移频处理。傅里叶变换的调制定理表述如下。

若 $f(t)$ 的傅里叶变换为 $F(f)$,表示为 $f(t) \Leftrightarrow F(f)$,则有

$$f(t)\cos(2\pi f_c t) \Leftrightarrow \frac{1}{2}\left[F(f-f_c)+F(f+f_c)\right] \tag{4.1}$$

式中, f_c 为调制频率。

设舰船地震波信号 $s(t)$ 的傅里叶变换为 $S(f)$, $f<f_c$,则根据傅里叶变换的调制定理有

$$s_M(t) = s(t)\cos(2\pi f_c t) \Leftrightarrow S_M(f) = \frac{1}{2}\left[S(f_c-f) + S(f_c+f)\right] \tag{4.2}$$

式中，$s_M(t)$ 为调制处理后的舰船地震波时域信号，$S_M(f)$ 为调制处理后的舰船地震波频域信号，$S(f_c-f)$ 为调制处理后的舰船地震波频域信号的下边带信息，$S(f_c+f)$ 为调制处理后的舰船地震波频域信号的上边带信息。

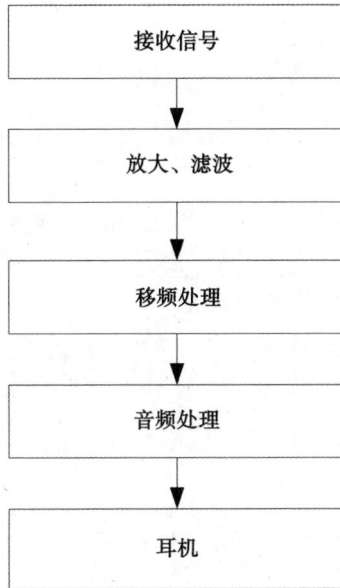

```
┌─────────────────┐
│     接收信号     │
└─────────────────┘
         │
         ▼
┌─────────────────┐
│    放大、滤波    │
└─────────────────┘
         │
         ▼
┌─────────────────┐
│     移频处理     │
└─────────────────┘
         │
         ▼
┌─────────────────┐
│     音频处理     │
└─────────────────┘
         │
         ▼
┌─────────────────┐
│       耳机       │
└─────────────────┘
```

图 4.3　听音处理流程

由式(4.2)可知，调制后的舰船地震波信号的上边带和下边带具有相同的频谱信息，且相对于 f_c 对称，因此可以利用滤波法保留上边带信息，得到

$$s_{M,滤}(t) \Leftrightarrow S_{M,滤}(f) = \frac{1}{2}S(f_c+f) \tag{4.3}$$

将滤波后的信号的幅度乘以 2，则可以得到移频后的舰船地震波信号：

$$s_移(t) \Leftrightarrow S_移(f) = S(f_c+f) \tag{4.4}$$

式中，$s_移(t)$ 为移频后的时域信号，即收听的信号；$S_移(f)$ 为对应的频谱；此时将 f_c 称为移频频率。

4.3.1　信号仿真分析

仿真 4 叶非均匀模式 Ⅱ 信号，所用参数与图 2.2 的仿真参数相同，调制频率带宽分别设为 100 Hz、200 Hz、300 Hz、400 Hz 和 500 Hz，采样频率为 10 kHz。

对上述信号进行移频处理,采用 FIR 滤波器对信号按照调制频率带宽进行滤波,则得到频率带宽分别为 100 Hz、200 Hz、300 Hz、400 Hz 和 500 Hz 的信号。为了取得较好的移频结果,进行多次实验,滤波器的阶数最终取为 9216 阶。所采用的移频频率见表 4.1。

表 4.1 移频频率

序号	1	2	3	4	5	6	7	8	9	10	11
移频频率/Hz	300	500	1000	1300	1500	2000	2300	2500	3000	3300	4000
序号	12	13	14	15	16	17	18	19	20	21	22
移频频率/Hz	4300	5000	5300	5500	6000	6300	6500	7000	7300	7500	8000

1~100 Hz 的信号移频到 300 Hz 处的移频结果见图 4.4~图 4.6。

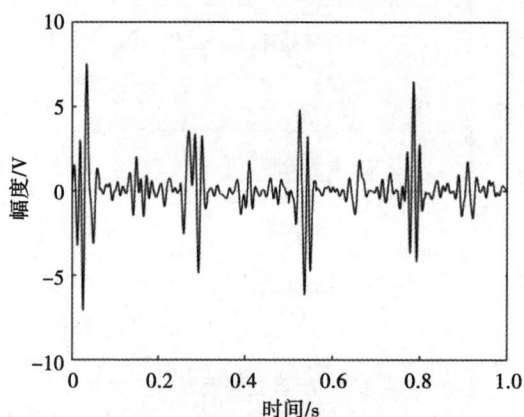

(a)移频前信号

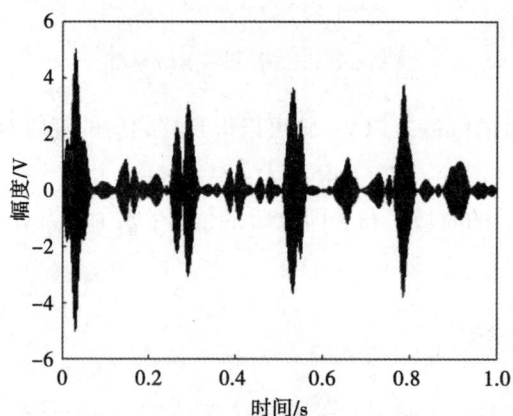

(b)移频后信号

图 4.4 1~100 Hz 信号移频前后时域波形

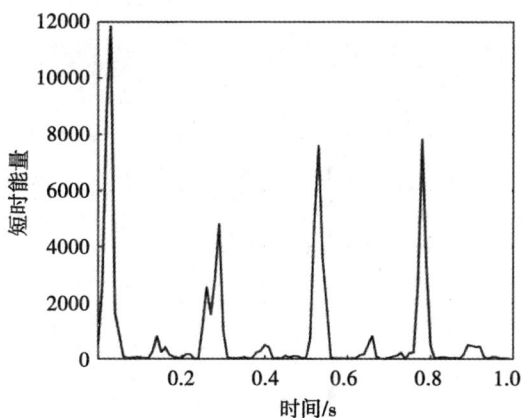

(a)移频前信号

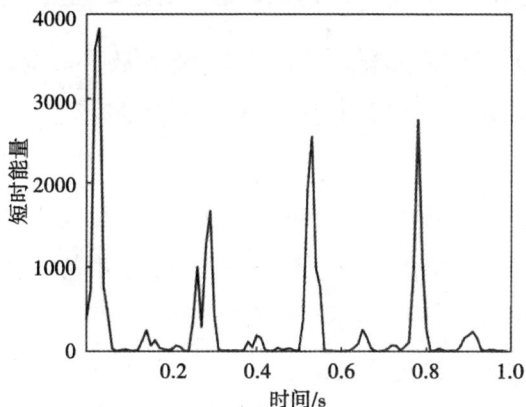

(b)移频后信号

图 4.5　1~100 Hz 信号移频前后短时能量图

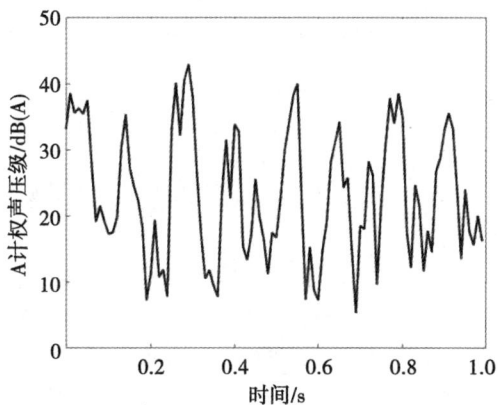

(a)移频前信号

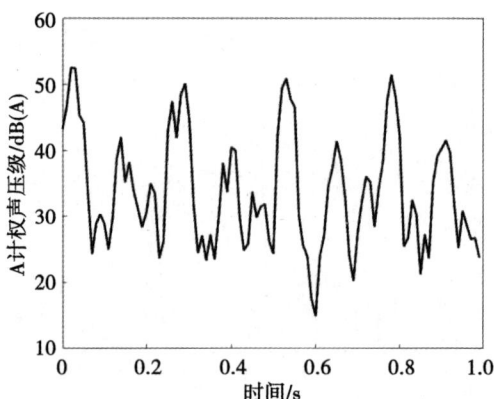

（b）移频后信号

图 4.6　1~100 Hz 信号移频前后的 A 计权声压级图

图 4.4 为 1~100 Hz 信号移频前后的时域波形。从图 4.4（a）中可以看到，1~100 Hz 信号的时域波形有 4 段幅度的绝对值较大的时段。通过听测可以知道，这 4 个幅度绝对值较大的时段分别对应 1~100 Hz 信号的 4 个"重拍"所在的时段。从图 4.4（b）中可以看到，移频后，4 个"重拍"处所对应的时域波形的幅度有所衰减，但是幅度的绝对值仍较其他时段的幅度的绝对值大。

图 4.5 为 1~100 Hz 信号移频前后短时能量图[71]，由于人耳可以鉴别相差 0.01 s 的两个声音，因此，这里每 0.01 s 计算 1 次短时能量，采用矩形窗对信号截断。图 4.6 为 1~100 Hz 信号移频前后的 A 计权声压级图，这里同样每 0.01 s 计算 1 次 A 计权声压级。

从图 4.5 中可以看到，移频后信号的能量约衰减为原来的 1/3，能量强弱位置没变。通过听测可以很清晰地听到 4 个"重拍"。从图 4.6 中可以看到，虽然移频后 1~100 Hz 信号的能量有一定的衰减，但是移频后信号的 A 计权声压级并没有减小。

将 400~800 Hz 的信号移频到 1000 Hz 处时的移频结果见图 4.7~图 4.9。

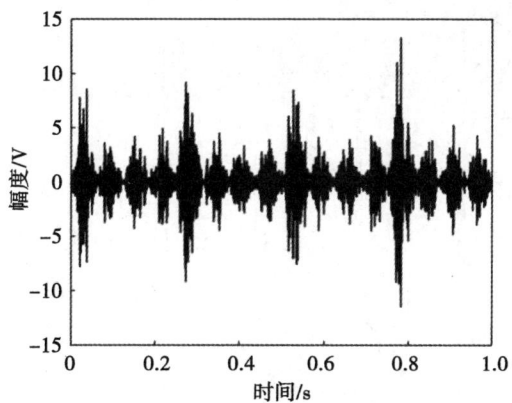

（a）移频前信号

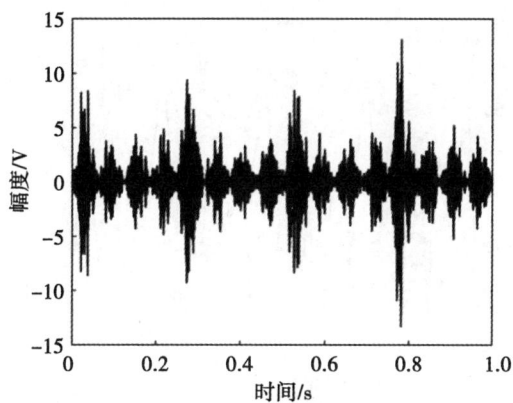

（b）移频后信号

图 4.7　400~800 Hz 信号移频前后时域波形

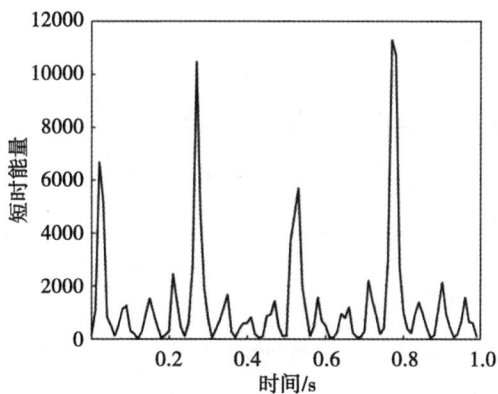

（a）移频前信号

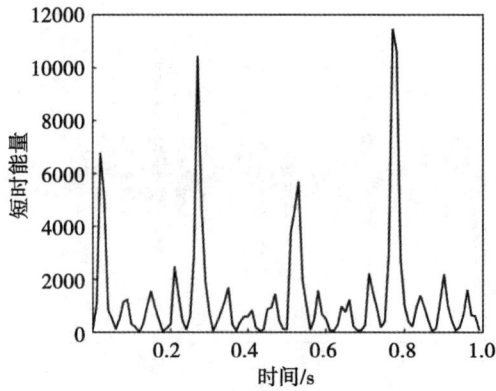

（b）移频后信号

图 4.8　400～800 Hz 信号移频前后短时能量图

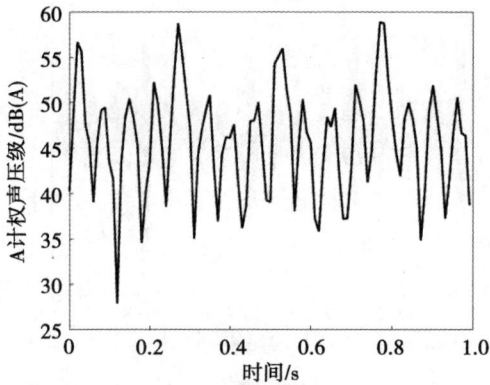

（a）移频前信号

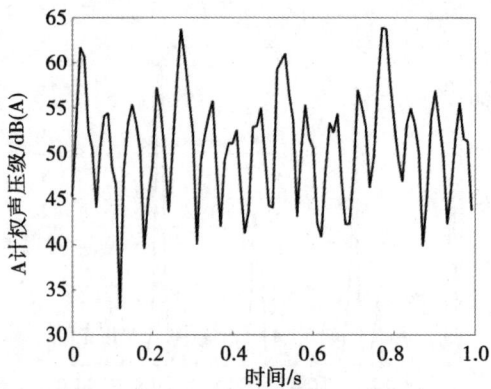

（b）移频后信号

图 4.9　400～800 Hz 信号移频前后的 A 计权声压级图

图 4.7 为 400~800 Hz 信号移频前后时域波形。从图 4.7 中可以看到，移频后的信号时域波形与移频前的信号时域波形基本相同。

图 4.8 为 400~800 Hz 信号移频前后短时能量图。图 4.9 为 400~800 Hz 信号移频前后的 A 计权声压级图。从图 4.8 中可以看到，移频后信号的能量基本没有衰减，这是因为移频频率较高使信号在移频处理中能较好地滤出信号。从图 4.9 中可以看到，移频后的信号的 A 计权声压级比移频前的信号的 A 计权声压级有所增大，波形没有发生变化。

4.3.2　响度变化规律仿真分析

下面给出不同频率带宽下三种舰船地震波包络调制信号的响度级差值随移频频率的变化情况，为了减小噪声随机性对心理声学参数特征的影响，这里的结果是 100 次试验的心理声学参数特征的均值结果，下文不再赘述。

将这三种信号分别称为信号 1、信号 2 和信号 3，信号时长为 1 s。三种信号的形式见表 4.2。信号 1 的调制模式为调制模式 Ⅱ，$\bar{\xi}_0 = 1$，$\bar{\xi}_1 = 0.5$，$\bar{\xi}_2 = 0.5$，$\bar{\xi}_3 = 0.5$，连续谱谱峰在 125 Hz 处；信号 2 的调制模式为调制模式 Ⅱ，连续谱谱峰在 500 Hz 处；信号 3 的调制模式为均匀调制模式，连续谱谱峰在 500 Hz 处。

表 4.2　三种信号的形式

形式	信号名称		
	信号 1	信号 2	信号 3
调制模式	4 叶调制 非均匀模式 Ⅱ $\bar{\xi}_0 = 1$，$\bar{\xi}_1 = 0.5$，$\bar{\xi}_2 = 0.5$，$\bar{\xi}_3 = 0.5$	4 叶调制 非均匀模式 Ⅱ $\bar{\xi}_0 = 1$，$\bar{\xi}_1 = 0.5$，$\bar{\xi}_2 = 0.5$，$\bar{\xi}_3 = 0.5$	4 叶调制 均匀模式 $\bar{\xi}_0 = \bar{\xi}_1 = \bar{\xi}_2 = \bar{\xi}_3 = 1$
连续谱谱峰位置	125 Hz	500 Hz	500 Hz

信号 1 经过移频处理后响度级差值随移频频率的变化情况见图 4.10。

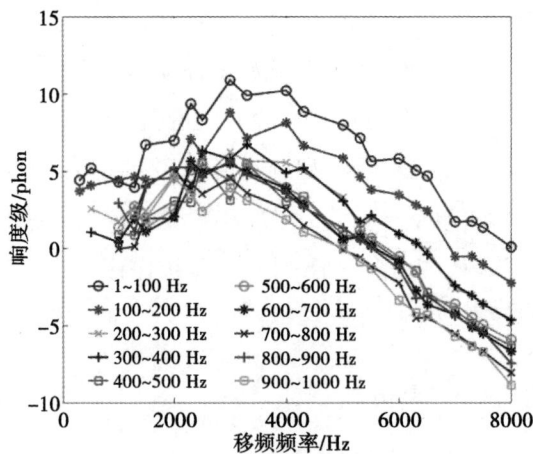

（a）信号频率带宽为 100 Hz

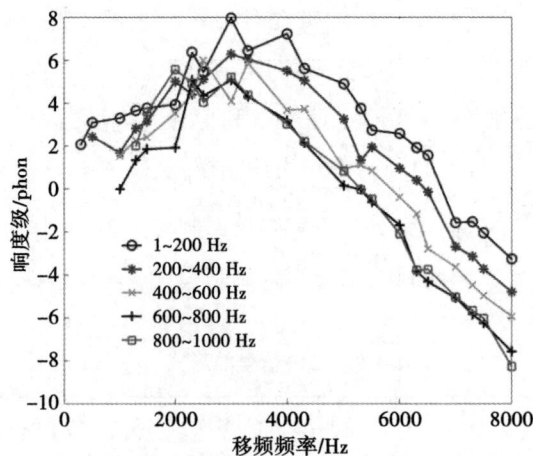

（b）信号频率带宽为 200 Hz

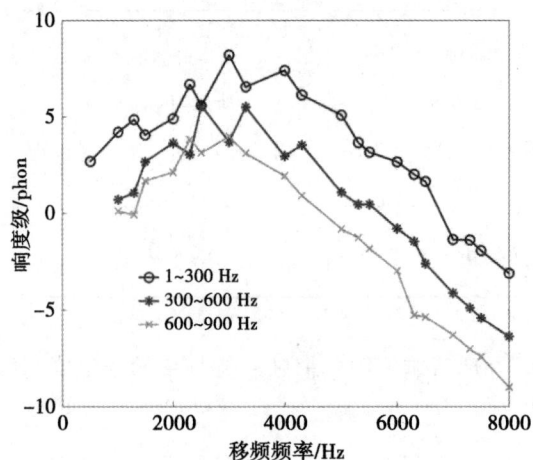

（c）信号频率带宽为 300 Hz

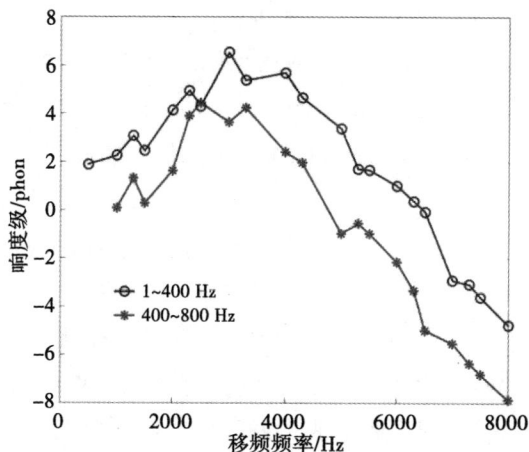

（d）信号频率带宽为 400 Hz

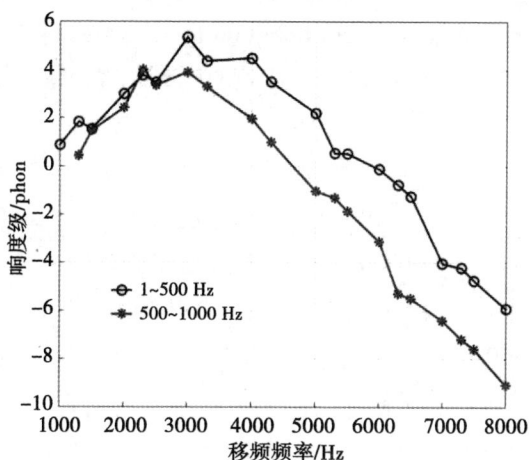

（e）信号频率带宽为 500 Hz

图 4.10　信号 1 响度级差值随移频频率的变化规律

从图 4.10（a）中可以看到，当信号频率带宽为 100 Hz 时，经移频处理后，1~100 Hz 的信号在 3000 Hz 处响度级差值最大，3000 Hz 之前响度级差值随移频频率呈波折上升趋势，3000 Hz 之后响度级差值呈波折下降趋势；100~200 Hz、200~300 Hz、300~400 Hz、400~500 Hz、500~600 Hz、600~700 Hz、700~800 Hz、800~900 Hz 和 900~1000 Hz 信号分别在 3000 Hz、3000 Hz、2500 Hz、2500 Hz、2300 Hz、3000 Hz、3000 Hz、3000 Hz 和 2000 Hz 处对应的响度级差值最大，响度级差值最大值之前呈波折上升趋势，响度级差值最大值之后呈波折下降趋势；100~200 Hz、200~300 Hz、300~400 Hz、400~500 Hz、500~600 Hz、

600~700 Hz、700~800 Hz、800~900 Hz 和 900~1000 Hz 信号分别在 7000 Hz、7000 Hz、7000 Hz、6300 Hz、6300 Hz、6000 Hz、5000 Hz、5000 Hz 和 4300 Hz 处响度级差值开始出现负值，即移频后响度变小。响度级差值为正值时的响度级范围在 0~13 phon。1~100 Hz 信号的响度级差值要明显大于其他频带信号的响度级差值。

从图 4.10(b) 中可以看到，当信号频率带宽为 200 Hz 时，经移频处理后，1~200 Hz 信号在 3000 Hz 处响度级差值存在最大值，3000 Hz 之前呈波折上升趋势，3000 Hz 之后呈波折下降趋势，在 7000 Hz 之后响度级差值为负值；200~400 Hz 信号在 3000 Hz 处响度级差值存在最大值，3000 Hz 之前呈波折上升趋势，3000 Hz 之后呈波折下降趋势，在 6000 Hz 之后响度级差值为负值；400~600 Hz、600~800 Hz、800~1000 Hz 信号响度级差值同样存在最大值，分别为 2500 Hz、2300 Hz、2000 Hz，响度级差值达到最大值之前呈波折上升趋势，响度级差值之后呈波折下降趋势，同时 400~600 Hz 和 600~800 Hz、800~1000 Hz 信号分别在 6000 Hz 和 6000 Hz、5000 Hz 处响度级差值开始出现负值。响度级差值为正值时的响度级范围在 0~10 phon。

从图 4.10(c) 中可以看到，当信号频率带宽为 300 Hz 时，经移频处理后，1~300 Hz、300~600 Hz 和 600~900 Hz 信号分别在 3000 Hz、2500 Hz 和 2300 Hz 处响度级差值存在最大值，响度级差值最大值之前呈波折上升趋势，响度级差值最大值之后呈波折下降趋势；1~300 Hz、300~600 Hz 和 600~900 Hz 信号的响度级差值分别在 7000 Hz、5000 Hz 和 4300 Hz 处开始出现负值。响度级差值为正值时的响度级范围在 0~7 phon。

从图 4.10(d) 中可以看到，当信号频率带宽为 400 Hz 时，经移频处理后，1~400 Hz 和 400~800 Hz 信号分别在 3000 Hz 和 2500 Hz 处响度级差值存在最大值，响度级差值达到最大值之前呈波折上升趋势，响度级差值最大值之后呈波折下降趋势；1~400 Hz 和 400~800 Hz 信号分别在 7000 Hz 和 5000 Hz 处响度级差值开始出现负值。响度级差值为正值时的响度级范围在 0~8 phon。

从图 4.10(e) 中可以看到，当信号频率带宽为 500 Hz 时，经移频处理后，1~500 Hz 和 500~1000 Hz 信号在 3000 Hz 和 2300 Hz 处响度级差值存在最大值，响度级差值达到最大值之前呈波折上升趋势，响度级差值最大值之后呈波折下降趋势；1~500 Hz 和 500~1000 Hz 信号分别在 6500 Hz 和 3300 Hz 处响度级差值开始出现负值。响度级差值为正值时的响度级范围在 0~6 phon。

信号 2 经过移频处理后响度级差值随移频频率的变化情况见图 4.11。

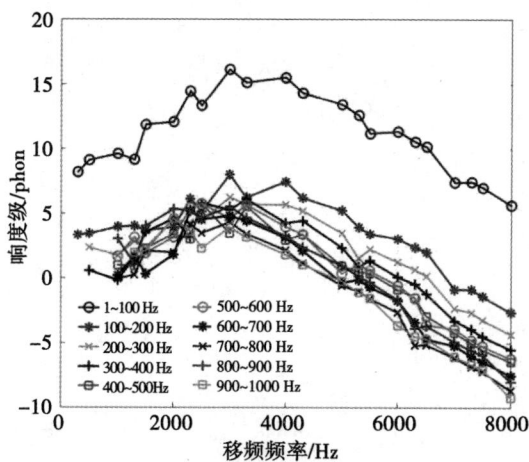

（a）信号频率带宽为 100 Hz

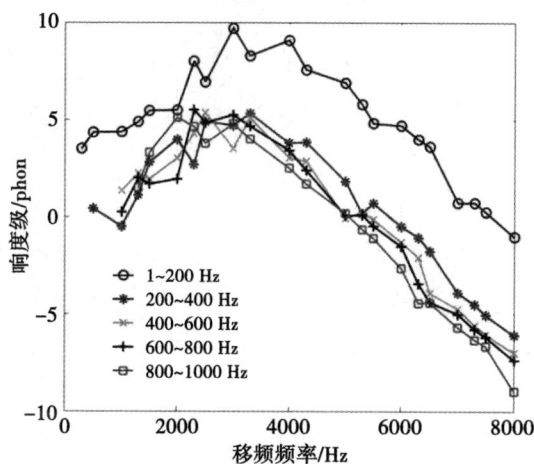

（b）信号频率带宽为 200 Hz

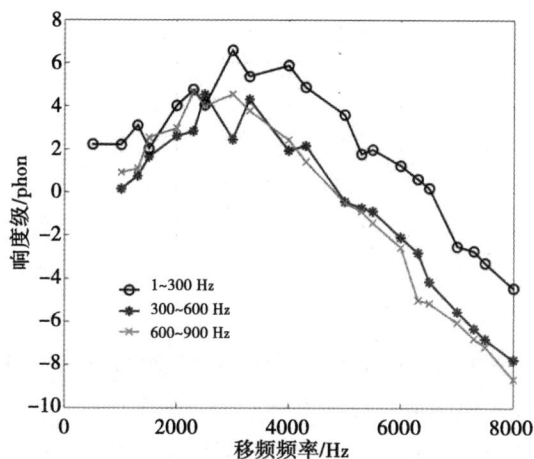

（c）信号频率带宽为 300 Hz

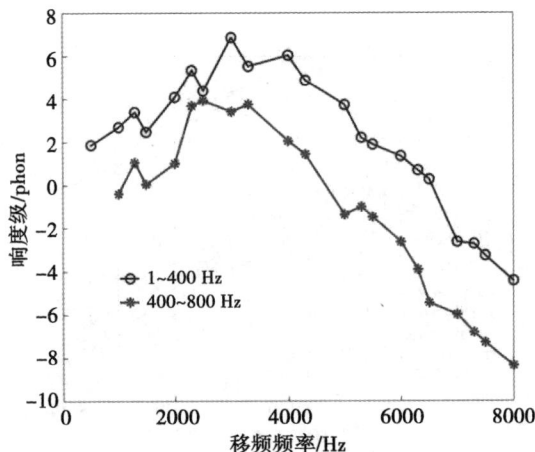

（d）信号频率带宽为 400 Hz

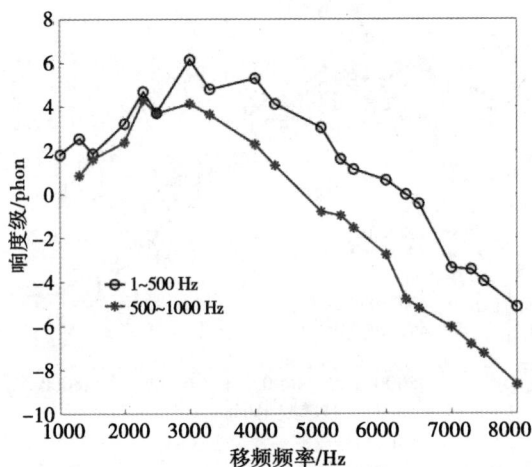

（e）信号频率带宽为 500 Hz

图 4.11　信号 2 响度级差值随移频频率的变化规律

从图 4.11(a)中可以看到，当信号频率带宽为 100 Hz 时，经移频处理后，1~100 Hz 信号在 3000 Hz 处响度级差值最大，3000 Hz 之前响度级差值随移频频率呈波折上升趋势，3000 Hz 之后响度级差值呈波折下降趋势；100~200 Hz、200~300 Hz、300~400 Hz、400~500 Hz、500~600 Hz、600~700 Hz、700~800 Hz、800~900 Hz 和 900~1000 Hz 信号分别在 3000 Hz、3000 Hz、3300 Hz、3300 Hz、3300 Hz、2300 Hz、3000 Hz、3000 Hz 和 2000 Hz 处对应的响度级差值最大，响度级差值最大值之前呈波折上升趋势，响度级差值最大值之后呈波折下降趋势；100~200 Hz、200~300 Hz、300~400 Hz、400~500 Hz、500~600 Hz、

600~700 Hz、700~800 Hz、800~900 Hz 和 900~1000 Hz 信号分别在 7000 Hz、7000 Hz、6300 Hz、6000 Hz、6000 Hz、5300 Hz、5000 Hz、5500 Hz 和 5000 Hz 处响度级差值开始出现负值，即移频后响度变小。响度级差值为正值时的响度级范围在 0~16 phon。1~100 Hz 信号的响度级差值要明显大于其他频带信号的响度级差值。

从图 4.11(b)中可以看到，当信号频率带宽为 200 Hz 时，经移频处理后，1~200 Hz 信号在 3000 Hz 处响度级差值存在最大值，3000 Hz 之前呈波折上升趋势，3000 Hz 之后呈波折下降趋势；200~400 Hz 信号在 3300 Hz 处响度级差值存在最大值，3300 Hz 之前呈波折上升趋势，3300 Hz 之后呈波折下降趋势，6000 Hz 后响度级差值为负值；400~600 Hz、600~800 Hz、800~1000 Hz 信号响度级差值存在最大值，分别为 2500 Hz、2300 Hz、2000 Hz，响度级差值达到最大值之前呈波折上升趋势，响度级差值之后呈波折下降趋势；同时 200~400 Hz、400~600 Hz 和 600~800 Hz、800~1000 Hz 信号分别在 6000 Hz、5500 Hz 和 5500 Hz、5300 Hz 处响度级差值开始出现负值。响度级差值为正值时的响度级范围在 0~10 phon。

从图 4.11(c)中可以看到，当信号频率带宽为 300 Hz 时，经移频处理后，1~300 Hz、300~600 Hz、600~900 Hz 信号分别在 3000 Hz、2500 Hz、2300 Hz 处响度级差值存在最大值，响度级差值最大值之前呈波折上升趋势，响度级差值最大值之后呈波折下降趋势；1~300 Hz、300~600 Hz 和 600~900 Hz 信号的响度级差值分别在 7000 Hz、5000 Hz 和 5000 Hz 处开始出现负值。响度级差值为正值时的响度级范围在0~7 phon。

从图 4.11(d)中可以看到，当信号频率带宽为 400 Hz 时，经移频处理后，1~400 Hz 和 400~800 Hz 信号分别在 3000 Hz 和 2500 Hz 处响度级差值存在最大值，响度级差值达到最大值之前呈波折上升趋势，响度级差值最大值之后呈波折下降趋势；1~400 Hz 和 400~800 Hz 信号分别在 7000 Hz 和 5000 Hz 处响度级差值开始出现负值。响度级差值为正值时的响度级范围在 0~7 phon。

从图 4.11(e)中可以看到，当信号频率带宽为 500 Hz 时，经移频处理后，1~500 Hz 和 500~1000 Hz 信号在 3000 Hz 和 2300 Hz 处响度级差值存在最大值，响度级差值达到最大值之前呈波折上升趋势，响度级差值最大值之后呈波折下降趋势；1~500 Hz 和 500~1000 Hz 信号分别在 6300 Hz 和 5000 Hz 处响度级差值开始出现负值。响度级差值为正值时的响度级范围在 0~7 phon。

信号 3 的响度差值随移频频率的变化情况见图 4.12。

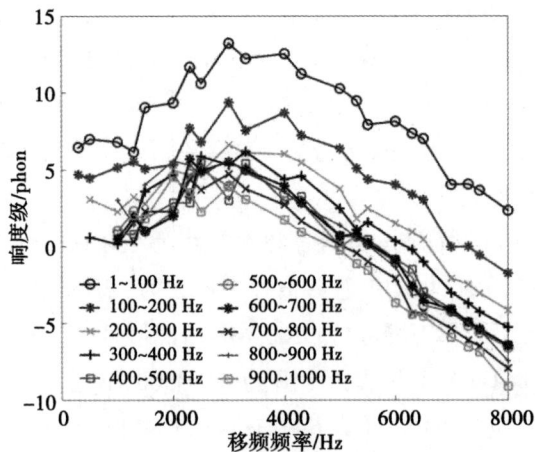

(a) 信号频率带宽为 100 Hz

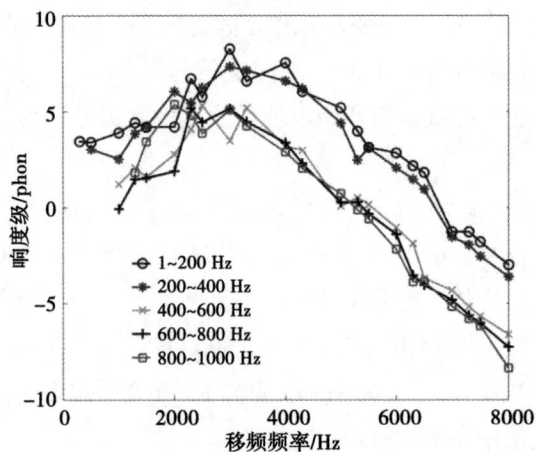

(b) 信号频率带宽为 200 Hz

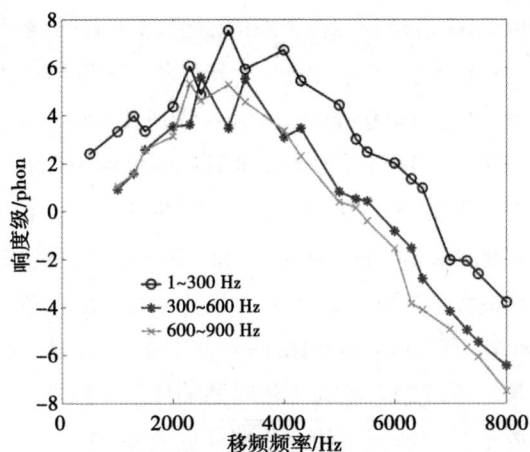

(c) 信号频率带宽为 300 Hz

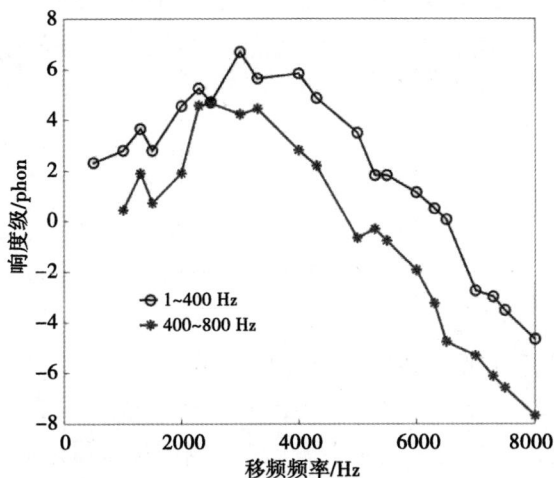

(d) 信号频率带宽为 400 Hz

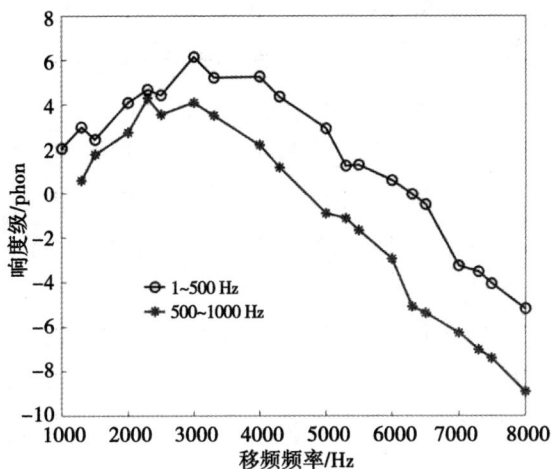

(e) 信号频率带宽为 500 Hz

图 4.12　信号 3 响度级差值随移频频率的变化规律

从图 4.12(a) 中可以看到，当信号频率带宽为 100 Hz 时，经移频处理后，1~100 Hz 信号在 3000 Hz 处响度级差值最大，3000 Hz 之前响度级差值随移频频率呈波折上升趋势，3000 Hz 之后响度级差值呈波折下降趋势；100~200 Hz、200~300 Hz、300~400 Hz、400~500 Hz、500~600 Hz、600~700 Hz、700~800 Hz、800~900 Hz 和 900~1000 Hz 信号在 3000~5000 Hz 处对应的响度级差值最大，同样，频带所在的频率越高，峰值所对应的频率越小，响度级差值最大值之前呈波折上升趋势，响度级差值最大值之后呈波折下降趋势；200~300 Hz、300~

400 Hz、400~500 Hz、500~600 Hz、600~700 Hz、700~800 Hz、800~900 Hz 和 900~1000 Hz 信号所对应响度级差值在下降到一定程度后同样出现负值。响度级差值为正值时的响度级范围在 0~15 phon。1~100 Hz 信号的响度级差值要明显大于其他频带信号的响度级差值。

从图 4.12(b)中可以看到，当信号频率带宽为 200 Hz 时，经移频处理后，1~200 Hz 信号在 3000 Hz 处响度级差值存在最大值，3000 Hz 之前呈波折上升趋势，3000 Hz 之后呈波折下降趋势；200~400 Hz 信号在 3000 Hz 处响度级差值存在最大值，3000 Hz 之前同样呈波折上升趋势，3000 Hz 之后同样呈波折下降趋势，在 7000 Hz 之后响度级差值为负值；400~600 Hz、600~800 Hz、800~1000 Hz 信号响度级差值同样存在最大值，分别为 2500 Hz、2300 Hz、2000 Hz，响度级差值达到最大值之前呈波折上升趋势，响度级差值之后呈波折下降趋势，同时 200~400 Hz、400~600 Hz 和 600~800 Hz、800~1000 Hz 信号分别在 6000 Hz、5500 Hz 和 5500 Hz、5300 Hz 处响度级差值开始出现负值。响度级差值为正值时的响度级范围在 0~10 phon。

从图 4.12(c)中可以看到，当信号频率带宽为 300 Hz 时，经移频处理后，1~300 Hz、300~600 Hz、600~900 Hz 信号分别在 3000 Hz、2500 Hz、2300 Hz 处响度级差值存在最大值，响度级差值最大值之前呈波折上升趋势，响度级差值最大值之后呈波折下降趋势，1~300 Hz、300~600 Hz 和 600~900 Hz 信号的响度级差值分别在 7000 Hz、6000 Hz 和 6000 Hz 处开始出现负值。响度级差值为正值时的响度级范围在 0~7 phon。

从图 4.12(d)中可以看到，当信号频率带宽为 400 Hz 时，经移频处理后，1~400 Hz 和 400~800 Hz 信号分别在 3000 Hz 和 2500 Hz 处响度级差值存在最大值，响度级差值达到最大值之前呈波折上升趋势，响度级差值最大值之后呈波折下降趋势，1~400 Hz 和 400~800 Hz 信号分别在 7000 Hz 和 5000 Hz 处响度级差值开始出现负值。响度级差值为正值时的响度级范围在 0~8 phon。

从图 4.12(e)中可以看到，当信号频率带宽为 500 Hz 时，经移频处理后，1~500 Hz 和 500~1000 Hz 信号在 3000 Hz 和 2300 Hz 处响度级差值存在最大值，响度级差值达到最大值之前呈波折上升趋势，响度级差值最大值之后呈波折下降趋势，1~500 Hz 和 500~1000 Hz 信号分别在 6300 Hz 和 5000 Hz 处响度级差值开始出现负值。响度级差值为正值时的响度级范围在 0~6 phon。

综上所述，总结响度变化规律如下。

① 在 2000~5000 Hz 频率范围内，响度级差值存在"峰值"，在"峰值"前呈波折上升趋势，在"峰值"后呈波折下降趋势。

② 相同频率带宽内，信号的频率成分越高，越早出现"峰值"，这里将这种现象称为"峰值前移"现象。调制频带越宽，这种现象越明显。在较高移频频率处，随着信号频率成分的升高，响度级差值出现负值，且信号频率成分越高，负值位置所对应的移频频率越低。

③ 不同频率带宽内，信号调制频带越宽，响度级差值下降曲线越"陡峭"，即越早出现负值。

④ 调制频带为 1~100 Hz 的信号的响度级差值要明显大于其他频带信号的响度级差值。

4.3.3　尖锐度变化规律仿真分析

本部分主要分析移频处理对舰船地震波包络调制信号的尖锐度的影响。图4.13~图4.15 为信号 1、信号 2 和信号 3 移频后不同频率带宽下信号尖锐度的变化情况。

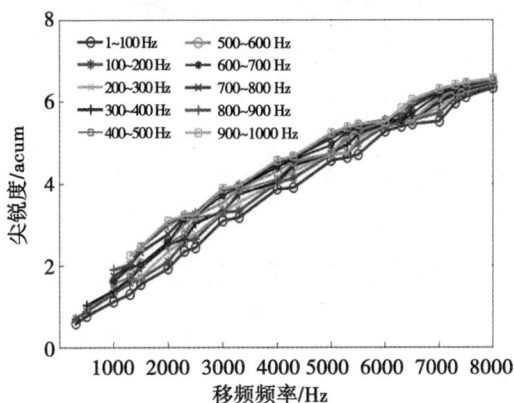

（a）信号频率带宽为 100 Hz

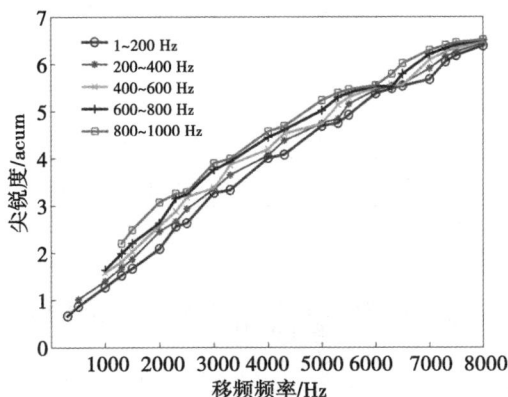

（b）信号频率带宽为 200 Hz

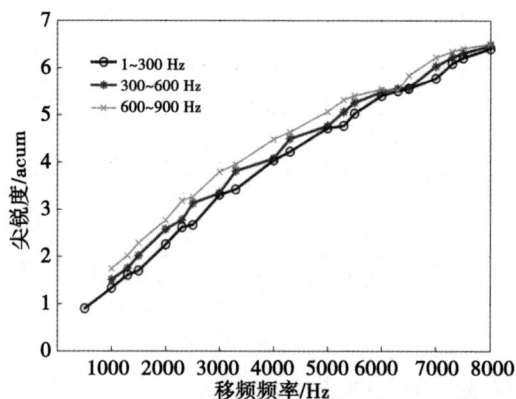

（c）信号频率带宽为 300 Hz

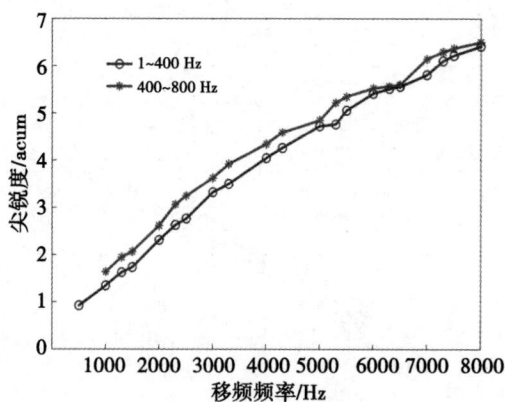

（d）信号频率带宽为 400 Hz

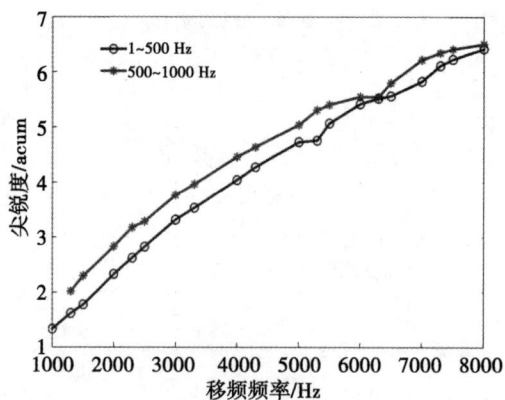

（e）信号频率带宽为 500 Hz

图 4.13　信号 1 尖锐度随移频频率变化情况

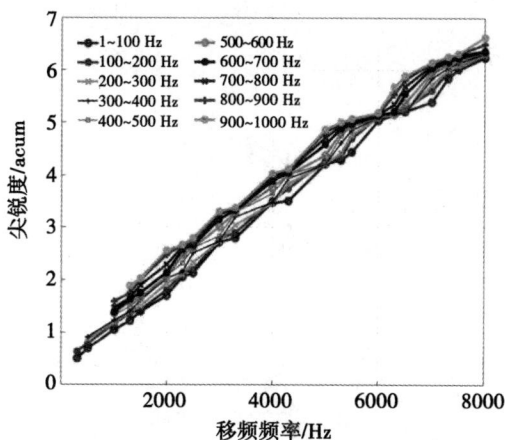

（a）信号频率带宽为 100 Hz

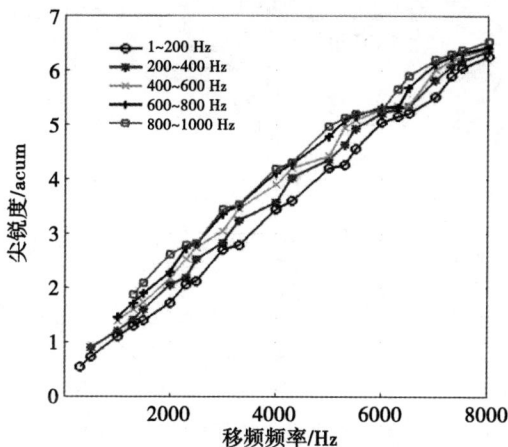

（b）信号频率带宽为 200 Hz

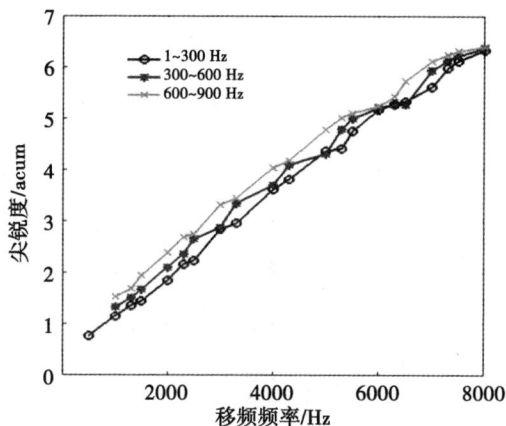

（c）信号频率带宽为 300 Hz

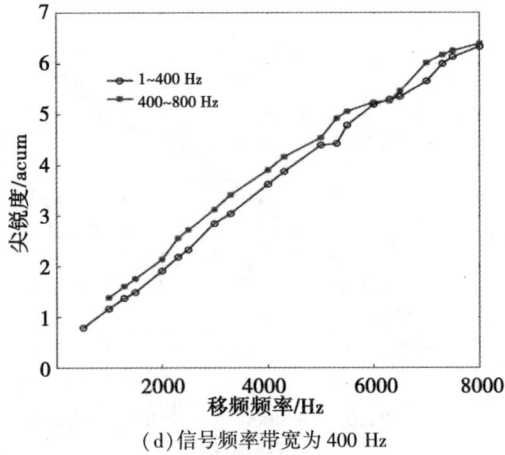

（d）信号频率带宽为 400 Hz

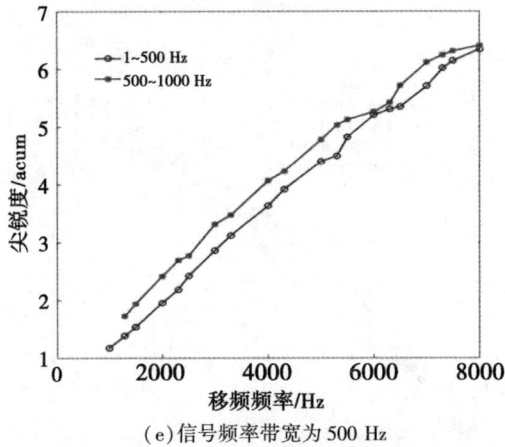

（e）信号频率带宽为 500 Hz

图 4.14　信号 2 尖锐度随移频频率变化情况

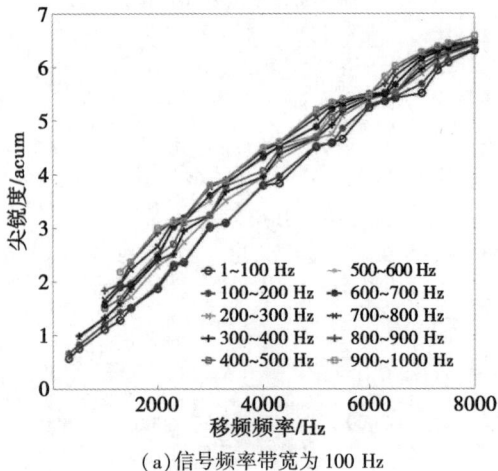

（a）信号频率带宽为 100 Hz

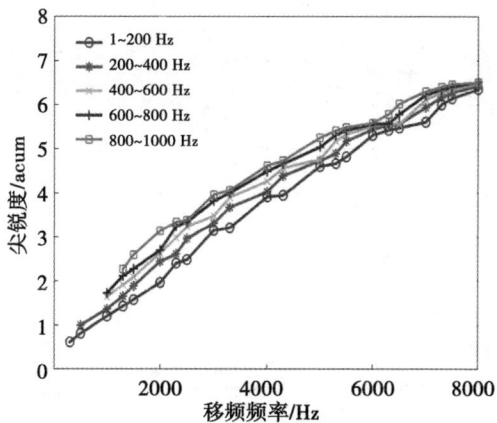

（b）信号频率带宽为 200 Hz

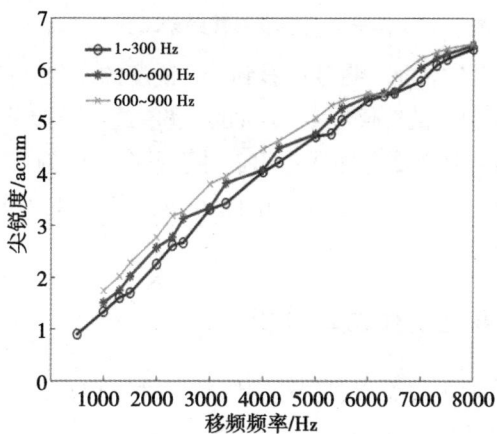

（c）信号频率带宽为 300 Hz

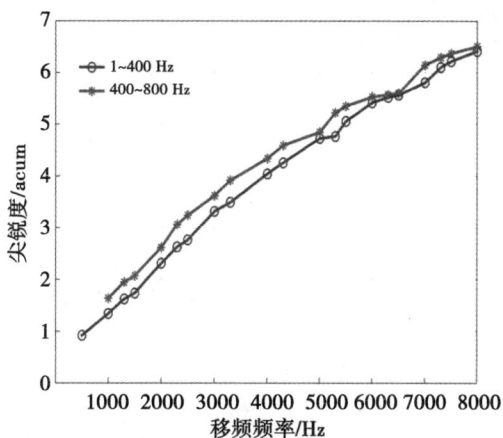

（d）信号频率带宽为 400 Hz

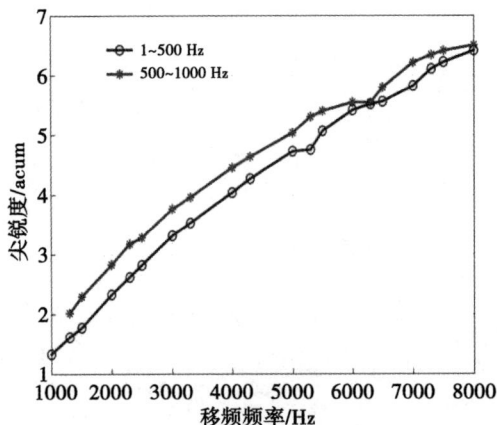

(e)信号频率带宽为 500 Hz

图 4.15 信号 3 尖锐度随移频频率变化情况

从图 4.13~图 4.15 中可以明显地看到,尖锐度的变化趋势是一致的,即信号的尖锐度随着移频频率的升高在 0~7 acum 呈单调上升趋势。这是因为随着移频频率的升高,信号高频成分越来越多,对于具有相同频率带宽的信号而言,信号的频率成分越高,尖锐度值越大。由此可知,信号的尖锐度与移频频率和信号频率有着直接关系。

4.3.4 调制特性变化规律仿真分析

从信号的时域波形可以看出,信号的调制特性体现在波动度上。下面对三种信号的波动度变化情况进行统计。图 4.16~图 4.18 为三种信号随移频频率变化的波动度差值的变化情况。

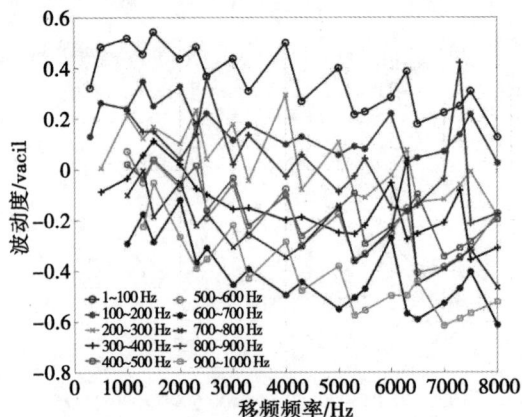

(a)信号频率带宽为 100 Hz

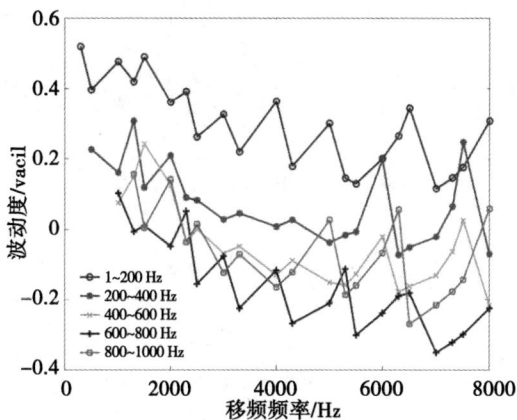

（b）信号频率带宽为 200 Hz

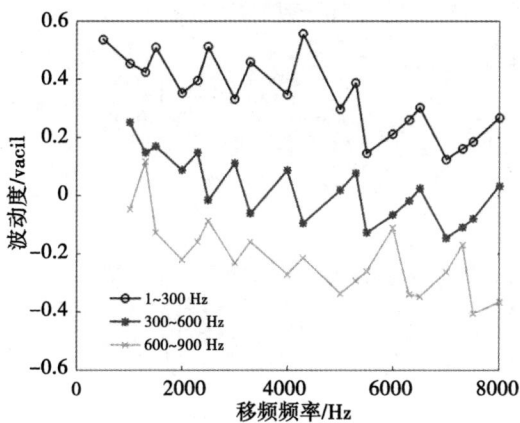

（c）信号频率带宽为 300 Hz

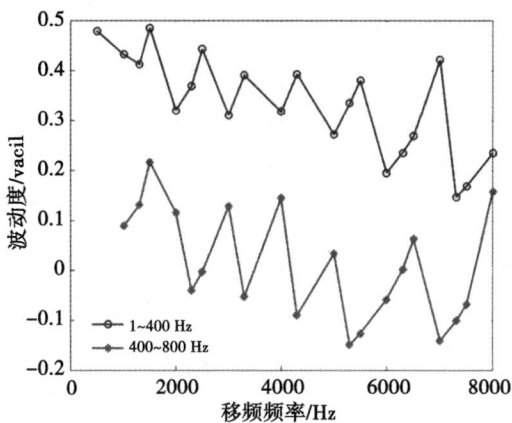

（d）信号频率带宽为 400 Hz

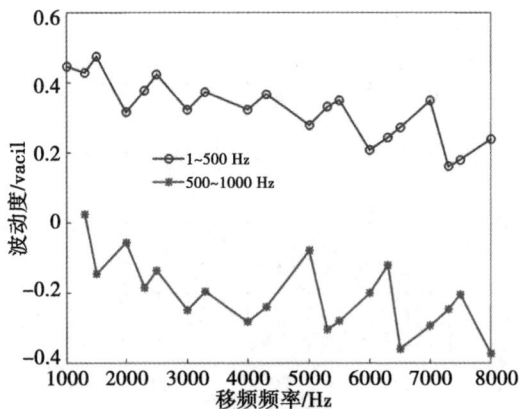

（e）信号频率带宽为 500 Hz

图 4.16　信号 1 调制度随移频频率变化情况

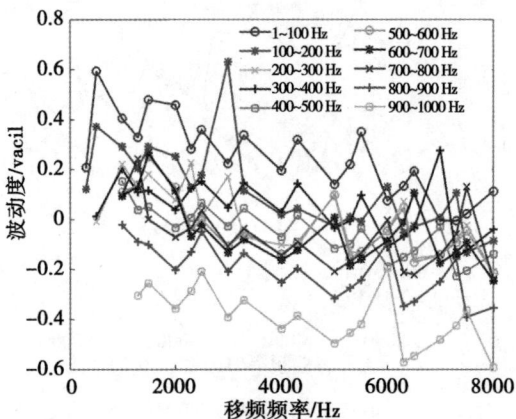

（a）信号频率带宽为 100 Hz

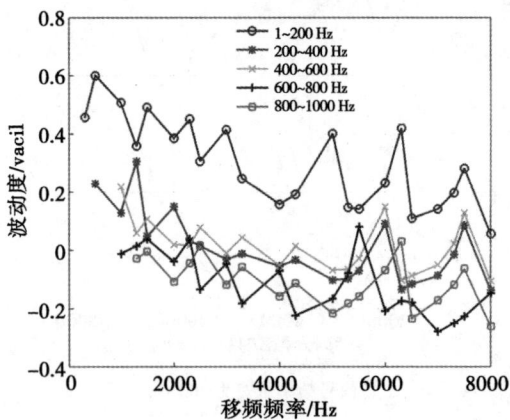

（b）信号频率带宽为 200 Hz

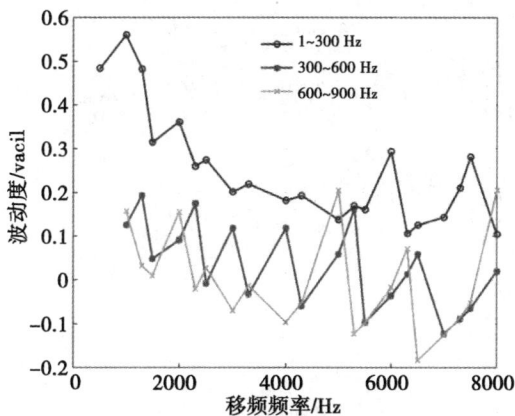

（c）信号频率带宽为 300 Hz

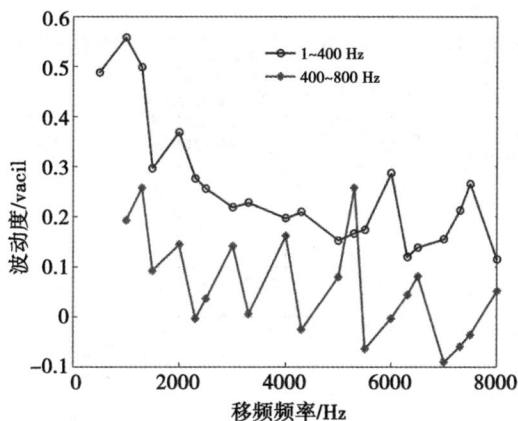

（d）信号频率带宽为 400 Hz

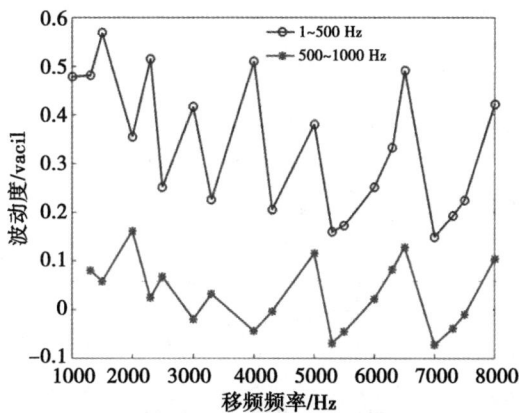

（e）信号频率带宽为 500 Hz

图 4.17　信号 2 调制度随移频频率变化情况

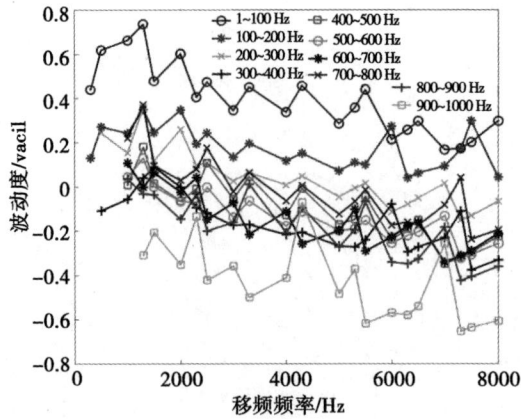

（a）信号频率带宽为 100 Hz

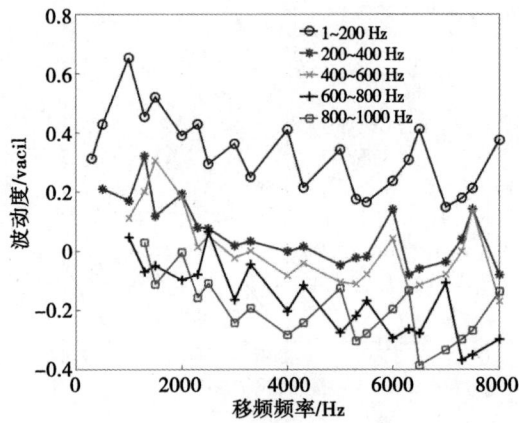

（b）信号频率带宽为 200 Hz

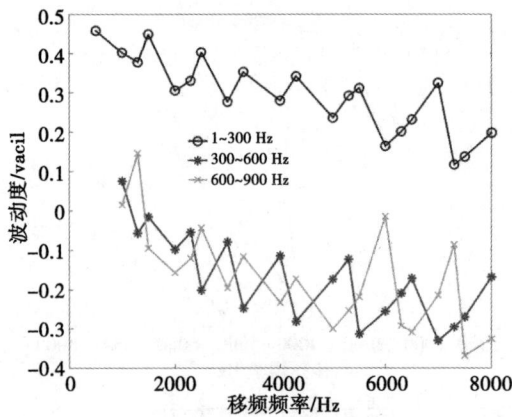

（c）信号频率带宽为 300 Hz

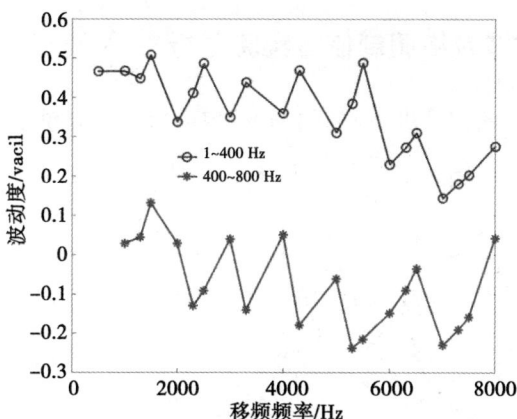

（d）信号频率带宽为 400 Hz

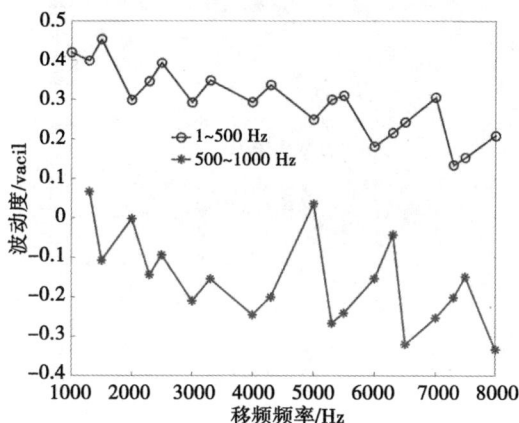

（e）信号频率带宽为 500 Hz

图 4.18　信号 3 调制度随移频频率变化情况

　　从图 4.16～图 4.18 中可以看到，信号经移频处理后在不同移频频率处的波动度差值普遍不同，由此可知，信号移频前后波动程度的变化与信号的谱成分和调制模式都有关系；1～100 Hz、1～200 Hz、1～300 Hz、1～400 Hz 和 1～500 Hz 信号所对应的波动度差值均为正值，且大于相同频率带宽内其他信号的波动度差值，可见，信号移频前后的波动程度的变化也受信号频率成分的影响，1～100 Hz、1～200 Hz、1～300 Hz、1～400 Hz 和 1～500 Hz 信号经移频处理后波动度会增大。从整体上来看，信号的波动度随移频频率的增大呈波折下降趋势，由此可知，移频频率不宜选择过高。

4.3.5 舰船地震波包络调制信号实验分析

对图 4.2 所对应的信号进行移频处理，响度差值、尖锐度、波动度差值结果见图 4.19。

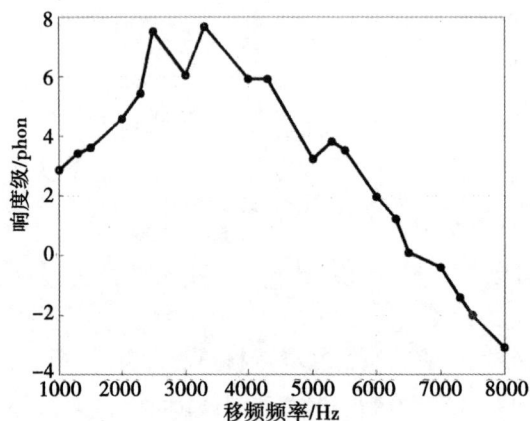

(a)响度级差值随移频频率变化的情况

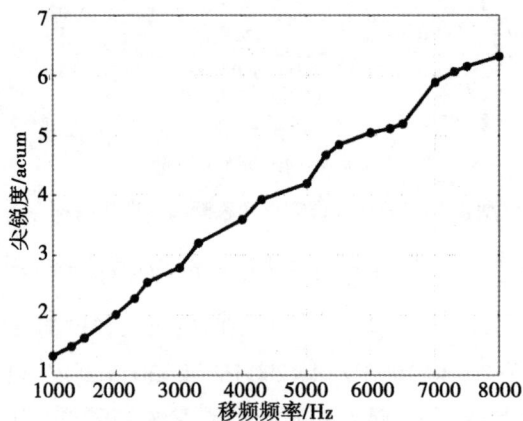

(b)尖锐度随移频频率变化的情况

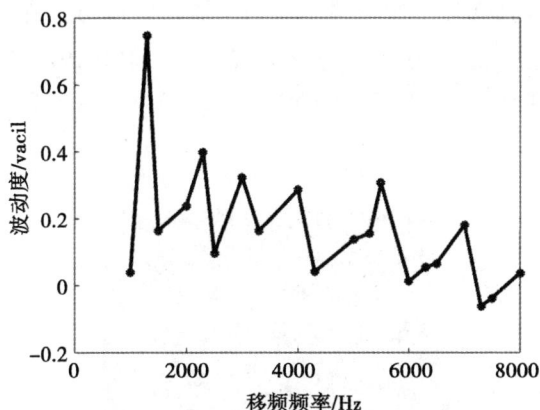

(c)波动度随移频频率变化的情况

图 4.19　心理声学参数随移频频率变化的情况

从图 4.19(a)中可以看到，响度级差值在移频频率为 3300 Hz 处存在最大值，3300 Hz 之前呈波折上升趋势，3300 Hz 之后呈波折下降趋势；在移频频率为 6500 Hz 处响度级差值接近于 0，6500 Hz 之后响度级差值小于 0。从图 4.19(b)中可以看到，随着移频频率的升高，尖锐度值在 1~7 acum 呈单调上升趋势。从图 4.19(c)中可以看到，随着移频频率的增加，波动度也呈波动下降的趋势。由此可知，实验结果与本书 4.3.2 节~4.3.4 节中所总结的规律是一致的。

◆◇ 4.4　舰船地震波包络调制信号的时变响度特征提取研究

4.4.1　时变响度特征提取及其适用性分析

由本书 4.2 节可知，舰船地震波信号具有包络调制特性，在听音时体现为具有"节奏感"。舰船地震波包络调制信号是时变的，因此研究舰船地震波信号的时变响度特征提取及其对于舰船地震波调制信号的适用性是有意义的。

仿真一段 3 s 的数据，第 1 秒和第 3 秒为背景环境噪声，第 2 秒为舰船地震波调制信号。这里用高斯白噪声来模拟背景环境噪声，利用第 2 章中式(2.2)和式(2.3)仿真舰船地震波包络调制信号，调制模式为 4 叶非均匀模式 I，$K=4$，$T=1/4$，调制频带为 400~800 Hz，连续谱谱峰在 125 Hz 处，信噪比为 30 dB。

对该段信号分段求功率谱,得到时频图。为了能较好地与时变响度计算得到的时频图相比较,分段时长设为 1 ms,见图 4.20(a)。利用 Zwicker 时变响度模型和 Moore 时变响度模型计算该段信号的瞬时特征响度,结果分别见图 4.20(b)和图 4.20(c)。

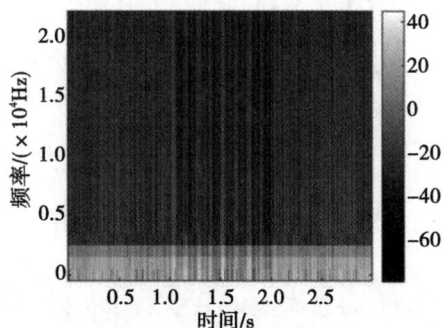

(a)功率谱

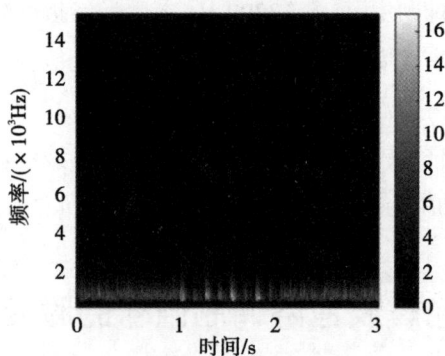

(b)Zwicker 瞬时特征响度

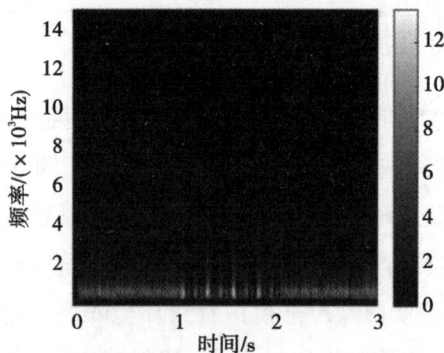

(c)Moore 瞬时特征响度

图 4.20　调制频带为 400~800 Hz,调制模式为非均匀模式 I 的信号时频图

从图 4.20(a)中可以看到, 功率谱时频图中的舰船地震波调制信号能量和背景环境噪声的能量分布较分散, 并且很难区分舰船地震波调制信号和背景环境噪声所在的时段。从图 4.20(b)和图 4.20(c)中可以看到, Zwicker 时变响度时频图和 Moore 时变响度时频图能反映舰船地震波调制信号的节奏特征, 与功率谱时频图相比能量分布较集中, 可以清晰地看到舰船地震波调制信号能量和背景环境噪声所在的时段, 以及舰船地震波调制信号的能量强弱分布。这是因为响度计算模型考虑了人耳的频域掩蔽效应, 峰值大的特征响度将峰值小的特征响度"淹没"。从图 4.20(b)和图 4.20(c)中还可以看到, Moore 时变响度时频图的时间分辨率比 Zwicker 时变响度时频图的时间分辨率更高。

将舰船地震波包络调制信号的调制频带设为 1~100 Hz, 其他仿真条件不变, 所得结果见图 4.21。其中, 图 4.21(a)为功率谱时频图, 图 4.21(b)为 Zwicker 时变响度时频图, 图 4.21(c)为 Moore 时变响度时频图。

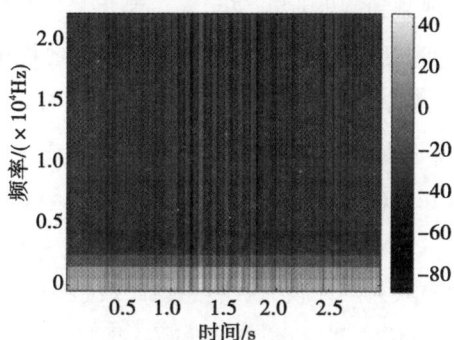

(a)功率谱

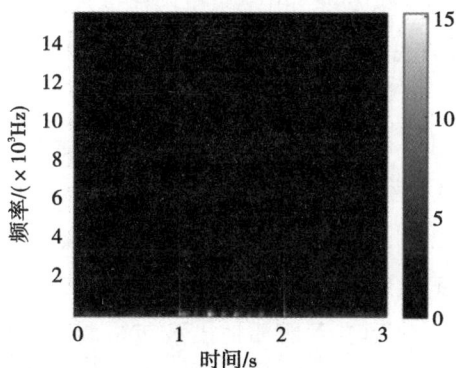

(b)Zwicker 瞬时特征响度

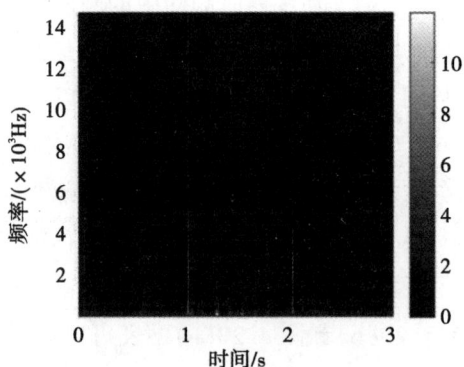

（c）Moore 瞬时特征响度

图 4.21　调制频带为 1~100 Hz, 调制模式为非均匀模式 I 的信号时频图

从图 4.21(a)中可以看到, 当舰船地震波包络调制信号在更低频段时, 很难通过功率谱时频图观测到舰船地震波包络调制信号。从图 4.21(b)和图 4.21(c)中可以看到, 通过时变响度时频图仍然可以清晰地检测到舰船地震波包络调制信号, 同时可以看到, Zwicker 时变响度在低频段峰值较大, 这与人耳的真实的滤波特性有所不同; Moore 时变响度时频图虽然在低频段峰值不大, 但是可以检测到舰船地震波包络调制信号, 并且相比 Zwicker 时变响度时频图能够更好地抑制噪声。

改变信号的调制模式为均匀模式, 舰船地震波包络调制信号的调制频带仍然为 400~800 Hz, 其他仿真条件不变, 所得结果见图 4.22。图 4.22(a)~图 4.22(c)分别为功率谱时频图、Zwicker 时变响度时频图和 Moore 时变响度时频图。通过听测该段信号可以发现, 由于滤波操作带来的影响, 使背景环境噪声和强脉冲分布较密集的舰船地震波调制信号听起来较为相似, 不利于听音判型。

从图 4.22(a)中可以看到, 当舰船地震波包络调制信号的强脉冲分布较密集时, 功率谱时频图不能很好地显示舰船地震波包络调制信号的强弱脉冲在时间上的分布。从图 4.22(b)和图 4.22(c)中可以看到, 从时变响度时频图中仍然可以很清晰地看到舰船地震波包络调制信号所在的时段和背景环境噪声所在的时段, 同时可以很清晰地看到舰船地震波包络调制信号的调制模式, 并且 Moore 时变响度时频图相比 Zwicker 时变响度时频图的时间分辨率更高, 检测效果更好。

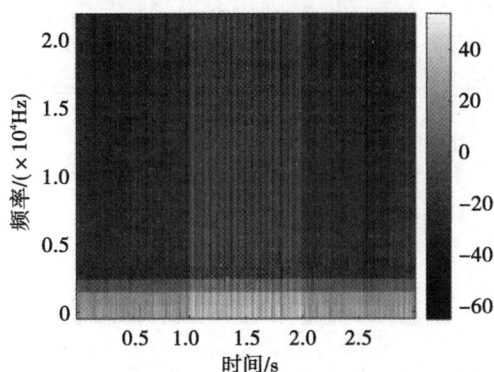

（a）功率谱

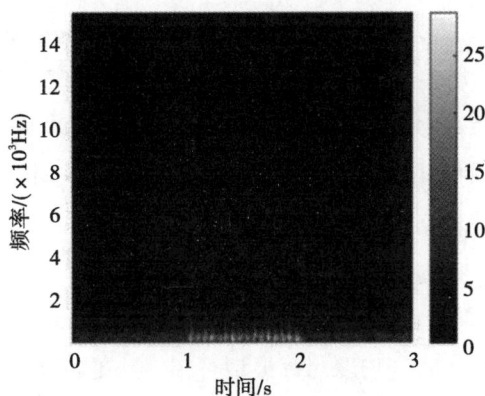

（b）Zwicker 瞬时特征响度

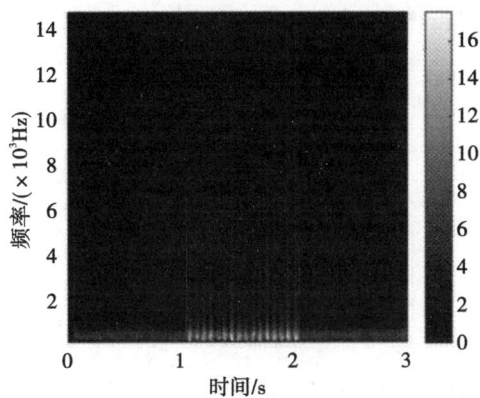

（c）Moore 瞬时特征响度

图 4.22　调制频带为 400~800 Hz，调制模式为均匀模式的信号时频图

由以上分析可知, 时变响度时频图相比功率谱时频图可以更好地检测舰船地震波包络调制信号, 而 Moore 响度时频图比 Zwicker 响度时频图能更准确地反映人的主观感受, 并且 Moore 响度时频图比 Zwicker 响度时频图的时间分辨率更高, 能量分布更加集中。

4.4.2 节拍响度变化量特征提取算法

声音的"节奏感"体现在节拍和音色上。音色是每个发声体独一无二的主观属性, 它是一个复杂的多维感知属性, 受声音时域和频域结构的共同影响。目前, 用来描述音色的特征主要有时域波形特征、时域包络特征、基于短时傅里叶变换的谱特征、基于等效矩形带宽的听觉谱特征和基于正弦谐波模型的谐波谱特征等。舰船地震波包络调制信号的节拍声能量最强处和能量最弱处存在能量大小的差异, 其功率谱结构也有所变化, 这也是造成人耳感知音色不同的重要原因。响度可以反映节拍强弱处的主观感受。由本书 4.4.1 节的分析可知, Moore 时变响度时频图相比功率谱时频图和 Zwicker 时变响度时频图能够更好地检测舰船地震波包络调制信号, 因此本节利用 Moore 时变响度描述信号的音色, 提出节拍响度变化量特征。

4.4.2.1 节拍响度变化量特征提取算法

由本书 2.5.1 节的时变响度计算模型可知, 时变响度计算模型是利用瞬时响度描述每 1 ms 内听到的声音的响度的。将声音样本的瞬时响度的凸点对应的时刻称为 H 时刻, 声音样本的瞬时响度的凹点对应的时刻称为 L 时刻。H 时刻和 L 时刻由瞬时响度的局部极大值和瞬时响度的局部极小值确定, 公式如下:

$$L'_{\mathrm{I,\,max}}(t_i) = \begin{cases} L_{\mathrm{I,\,max}}(t), & L_{\mathrm{I,\,max}}(t) > \overline{L_{\mathrm{I}}(t)} \\ 0, & L_{\mathrm{I,\,max}}(t) \leqslant \overline{L_{\mathrm{I}}(t)} \end{cases} \tag{4.5}$$

$$L'_{\mathrm{I,\,min}}(t_j) = \begin{cases} L_{\mathrm{I,\,min}}(t), & L_{\mathrm{I,\,min}}(t) < \overline{L_{\mathrm{I}}(t)} \\ 0, & L_{\mathrm{I,\,min}}(t) \geqslant \overline{L_{\mathrm{I}}(t)} \end{cases} \tag{4.6}$$

式中, $L'_{\mathrm{I,\,max}}(t_i)$ 和 $L'_{\mathrm{I,\,min}}(t_j)$ 分别为瞬时响度的局部极大值和瞬时响度的局部极小值, t_i 和 t_j 分别对应 H 时刻和 L 时刻, $\overline{L_{\mathrm{I}}(t)}$ 为瞬时响度的均值。

求出 H 时刻所对应的特征响度 $L_{\mathrm{S}}(t_i, f_{\mathrm{c}})$ 和 L 时刻所对应的特征响度 $L_{\mathrm{S}}(t_j,$

f_c），其中 f_c 为每个 ERB 中点所对应的频率。为了减小特征的估计方差，利用式(4.7)和式(4.8)计算 H 时刻和 L 时刻的平均特征响度：

$$L'_{S,\,max}(f_c) = \frac{1}{N} \sum_{i=1}^{N} L_S(t_i, f_c) \tag{4.7}$$

$$L'_{S,\,min}(f_c) = \frac{1}{M} \sum_{j=1}^{M} L_S(t_j, f_c) \tag{4.8}$$

式中，N 和 M 分别为 t_i 和 t_j 对应的时刻个数。

定义时变响度变化量为

$$\Delta L_S(f_c) = \frac{L'_{S,\,max}(f_c) - L'_{S,\,min}(f_c)}{\max\left[L'_{S,\,max}(f_c)\right]} \tag{4.9}$$

式中，$\max[\,\cdot\,]$ 为取最大值运算。

从式(4.9)可以看到，时变响度变化量特征不仅考虑了信号的频域信息，而且考虑了信号的时间信息和信号的响度信息。

仿真两类目标：第一类目标为 4 叶非均匀调制模式I，连续谱谱峰在 125 Hz 处；第二类目标为 4 叶均匀调制模式，$K=4$，$T=1/4$，连续谱谱峰在 500 Hz 处；两类目标的调制频率范围均在 355~891 Hz，信噪比均为 30 dB。

对两类目标信号进行节拍响度变化量特征提取。经研究发现，ERB 间隔的选取对特征提取影响不大。为了减小运算量，选取的 ERB 间隔为 2 ERB，得到 20 维节拍响度变化量特征参数。图 4.23 为两类目标样本的平均特征响度分布图。图 4.24 为两类目标的节拍响度变化量特征提取结果。

从图 4.23 中可以看到，两类目标在 H 时刻和 L 时刻的平均特征响度分布曲线大体上相同，在特征序号为 5~10 处存在最大值，其他特征序号处平均特征响度值较小。这是因为两类信号具有相同的频带。同类目标特征相比，第一类目标在 H 时刻的平均特征响度分布趋势与在 L 时刻的平均特征响度分布趋势大体上是一致的，但是两者的差值在不同特征序号处有所区别；第二类目标在 H 时刻的平均特征响度分布趋势与在 L 时刻的平均特征响度分布趋势大体上也是一致的，两者的差值在不同特征序号处也有所区别。这是因为舰船地震波包络调制信号的节拍声能量最强处和能量最弱处存在能量大小的差异，其功率谱结构有所变化，导致响度不同。从图 4.24 中可以看到，两类目标的节拍变化量特征的第 7 维和第 8 维特征值较接近，其他维度的特征值明显不同。

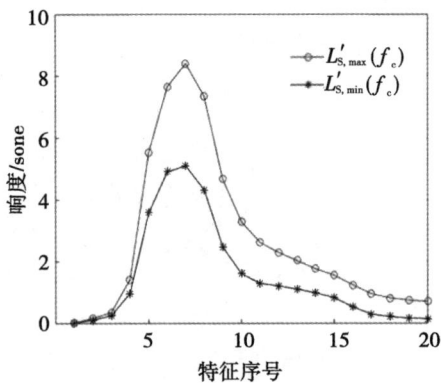

（a）第一类目标

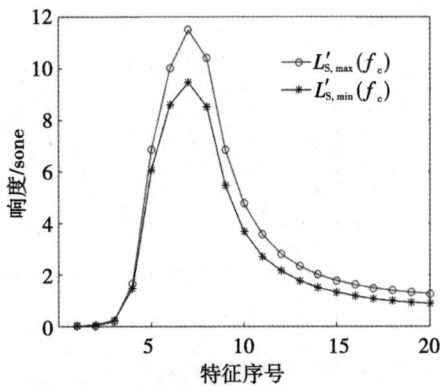

（b）第二类目标

图 4.23　两类目标的平均特征响度分布图

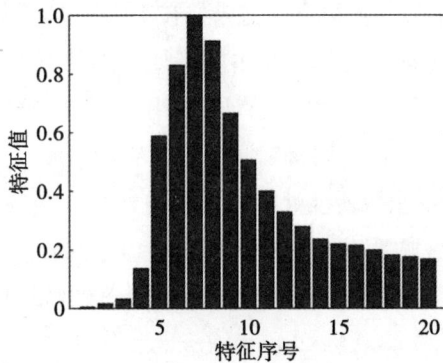

（a）第一类目标

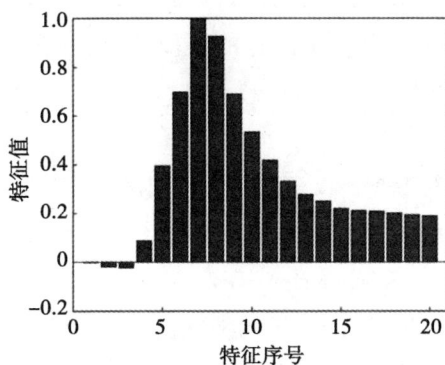

（b）第二类目标

图 4.24　两类目标节拍响度变化量特征

　　由于本书所提出的节拍响度变化量特征和时间有关，依赖样本的长度，利用支持向量机在小样本情况下统计所提出的节拍响度变化量特征的分类情况。信号样本长度为 1 s。为了说明所提出的节拍响度变化量特征的有效性，利用 Moore 稳态响度计算模型提取特征响度（简称 Moore 稳态特征响度）特征作为对比。两类目标各有 60 个样本。随机抽取两类目标的全部样本的 1/2 作为训练集，其余 1/2 作为测试集，输入支持向量机进行识别。为了验证所提出的特征的有效性，本节所求识别率的方法如下：进行 100 次独立试验，每次试验求取对应特征的识别概率，最终取识别概率的平均值作为对应特征的识别率，并对不同目标的识别率求平均，以作为该特征的平均识别率。仿真信号的识别率结果见表 4.3。

表 4.3　仿真信号的识别率结果

特征	识别率		
	第一类目标识别率	第二类目标识别率	平均识别率
节拍响度变化量特征	98.63%	98.70%	98.67%
Moore 稳态特征响度	71.60%	81.60%	76.60%

　　从表 4.3 中可以看到，两类目标的节拍响度变化量特征的识别率均达到 95% 以上，稳态特征响度特征的识别率分别为 71.60% 和 81.60%，节拍响度变化量特征的平均识别率为 98.67%，稳态特征响度特征的平均识别率为 76.60%，节拍响度变化特征的识别率远远高于稳态特征响度的识别率。这是

因为两类信号的调制频带相似，导致提取的两类目标稳态响度特征区别不大，而节拍响度变化量特征不仅利用了目标的频域信息，也利用了目标的节拍信息，能较好地识别两类目标。

4.4.2.2　实验结果与分析

对实际舰船数据进行节拍响度变化量特征提取研究，实验地点在青岛某海域，海水深度为 30 m 左右，海底为沙底。如图 4.25 所示，接收装置为三通道地震传感器（Ocean Bottom Seismometer，OBS）。将 OBS 布放在海底，分别接收到水平距离约为 1 km 远处三艘船激发的地震波信号，见图 4.26。这三艘船是两艘不同吨位的渔船和一艘客船，分别将它们称为目标 A、目标 B 和目标 C。

图 4.25　入水前的 OBS

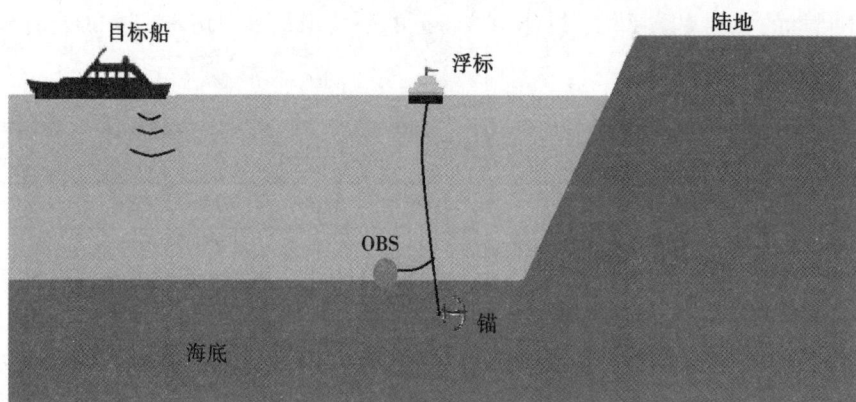

图 4.26　节拍响度变化量特征提取实验示意图

对目标 A、目标 B 和目标 C 分别进行带通滤波，目标 A 和目标 B 的滤波频带为 355~891 Hz，目标 C 的滤波频带为 562~1120 Hz。经过听测，三类目标的节奏类似，很难通过听测区别三类目标。三类舰船目标信号样本的 Moore 时变响度时频图提取结果如图 4.27 所示。

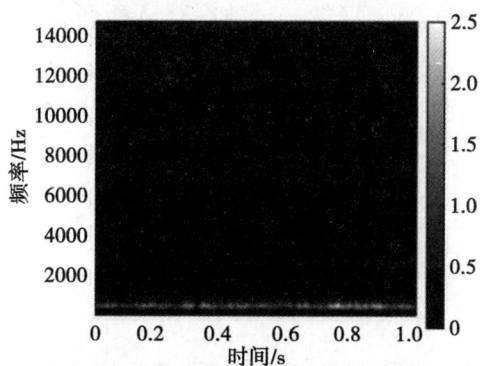

（a）目标 A

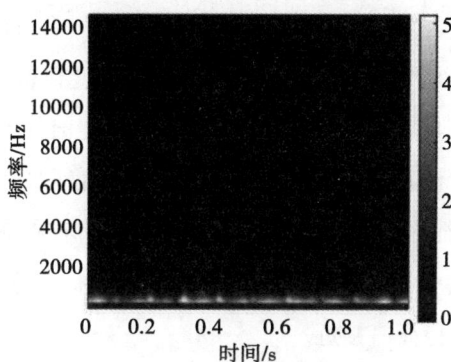

（b）目标 B

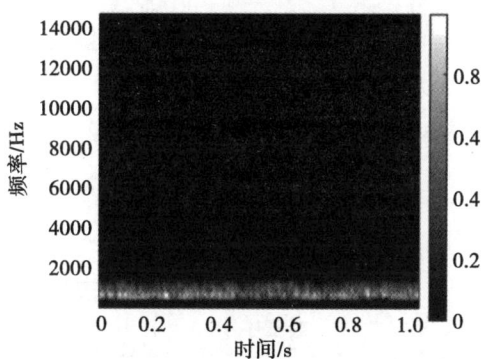

（c）目标 C

图 4.27　三类舰船目标信号样本的 Moore 时变响度时频图

分别提取三类目标的节拍响度变化量特征和 Moore 稳态特征响度输入支持向量机进行识别。节拍响度变化量特征的分析样本长度为 1 s。Moore 稳态特征响度的分析样本长度为 0.05 s。样本个数如表 4.4 所列。

表 4.4　用于实测目标训练和识别的样本数

目标	样本数	
	训练样本数	识别样本数
目标 A	51	53
目标 B	52	54
目标 C	13	11

三类目标信号样本的特征均值分布见图 4.28。从图 4.28(a)中可以看到，目标 A 的节拍响度变化量特征均值的最大值在第 6 维，而目标 B 的节拍响度变化量特征均值的最大值在第 5 维，目标 C 的节拍响度变化量特征均值的最大值在第 7 维。在其他特征序号处，三类目标的特征值均值均有明显差别。从图 4.28(b)中可以看到，目标 C 的 Moore 稳态特征响度特征与目标 A 和目标 B 的 Moore 稳态特征响度特征区别较大，这是因为目标 C 所在的频带与目标 A 和目标 B 的不同。而对于具有相同调制频带的目标 A 和目标 B 来说，两类目标信号的 Moore 稳态特征响度特征值接近。

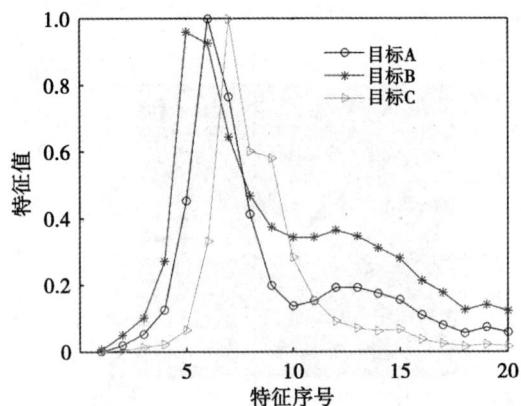

(a)节拍响度变化量特征

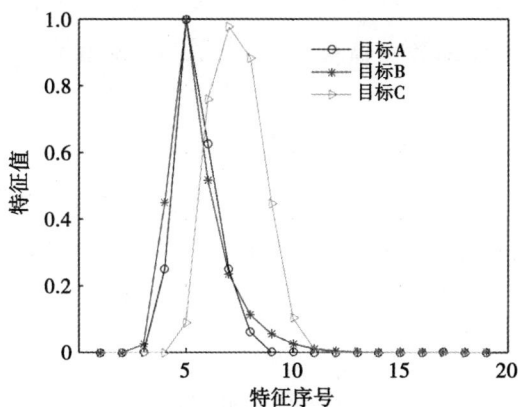

（b）Moore 稳态特征响度

图 4.28　三类目标信号样本的特征均值分布图

三类实测目标分类结果识别结果见表 4.5。

表 4.5　三类实测目标分类结果

特征	识别率			
	目标 A 识别率	目标 B 识别率	目标 C 识别率	平均识别率
节拍响度变化量特征	100.00%	100.00%	100.00%	100.00%
Moore 稳态特征响度	96.00%	100.00%	100.00%	98.67%

在表 4.5 中可以看到，三类目标的节拍响度变化量特征的识别率均达到了 100%。利用 Moore 稳态特征响度特征，目标 A 的识别率为 96%，其他两类目标的识别率为 100%，可见稳态特征响度会对具有相同频带的目标的识别带来干扰。从平均识别率来看，节拍响度变化量特征的识别率高出 Moore 稳态特征响度特征的识别率约 2%。

◆◇ 4.5　舰船地震波信号的听觉滤波器特征提取研究

4.5.1　听觉滤波器对舰船地震波线谱信号的提取性能

由本书 2.5.2 节可知，Gammatone 滤波器组和 Mel 滤波器组可以很好地模拟耳蜗的频率分解特性和尖锐的滤波特性。以下分别根据 Gammatone 滤波器组和 Mel 滤波器组的幅频响应的特点，利用不同的方法提取舰船地震波线谱信号，并分别分析 Gammatone 滤波器组和 Mel 滤波器组对舰船地震波线谱信号提取的性能。

4.5.1.1 Gammatone 滤波器组

由于 Gammatone 滤波器的幅频响应不具有严格的带限，采用将实验数据分别输入每个 Gammatone 滤波器求频谱的方法来提取海上实验数据的线谱特征。假设 Gammatone 滤波器内只有一根线谱，频率为 f_0，幅度为 A_0，则该线谱的输入信噪比 SNR_{in} 为

$$SNR_{in} = 10\lg \frac{A_0^2/2}{\int_{f_1}^{f_2} N(f)\,\mathrm{d}f/(f_2 - f_1)} \tag{4.10}$$

对 Gammatone 滤波器的幅频响应进行归一化，则 Gammatone 滤波器在 f_c 处的幅度为 1。当频率 $f_0 = f_c$ 时，线谱信号的输出信噪比 SNR_{out} 为

$$SNR_{out} = 10\lg \frac{A_0^2/2}{\int_{f_1}^{f_2} H'(f)N(f)\,\mathrm{d}f/(f_2 - f_1)} \tag{4.11}$$

则该线谱的信噪比增益 ΔSNR 为

$$\Delta SNR = \frac{SNR_{out}}{SNR_{in}}$$

$$= 10\lg \frac{\int_{f_1}^{f_2} N(f)\,\mathrm{d}f}{\int_{f_1}^{f_2} H'(f)N(f)\,\mathrm{d}f} \tag{4.12}$$

由式(4.12)可知，ΔSNR 与滤波器的频率响应 $H'(f)$ 有关，且恒大于 0。因此，可以利用 Gammatone 滤波器的输出谱来提高对线谱信号的检测能力。

应用 Gammatone 滤波器组提取海上实验数据的线谱特征。实验数据为在海中发射的频率为 55 Hz 的单频信号，时长为 100 s，接收设备为两通道地震传感器。Gammatone 滤波器的个数为 30。将 x 通道的实验数据输入 Gammatone 滤波器组，对其输出做 FFT 以求得频谱，得到 Gammatone 滤波器组输出谱。

图 4.29 为利用 FFT 方法得到的频谱与 Gammatone 滤波器组输出频谱对比结果。其中，图 4.29(a) 为利用 FFT 方法得到的频谱，图 4.29(b) 为 Gammatone 滤波器组输出频谱，图 4.29(c) 为 Gammatone 滤波器组输出频谱放大图。从图 4.29(a) 中可以看到，线谱信号的输出信噪比较低，没有检测到线谱信号。从图 4.29(b) 和图 4.29(c) 中可以看到，第 7~11 个 Gammatone 滤波器内的线谱的输出信噪比较高，这是因为第 10 个 Gammatone 滤波器的特征频率与信号的频率较接近。根据 Gammatone 滤波器组的特点，可以很容易检测到线谱信号，线谱信号频率为 55 Hz。

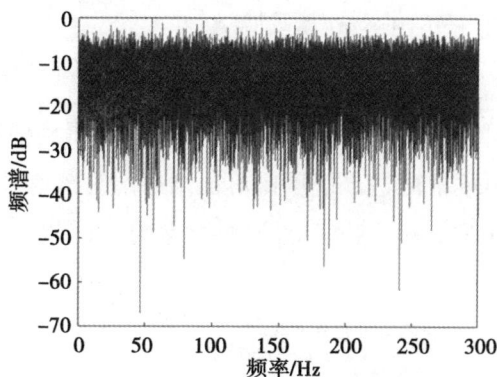

(a) FFT 方法得到的频谱

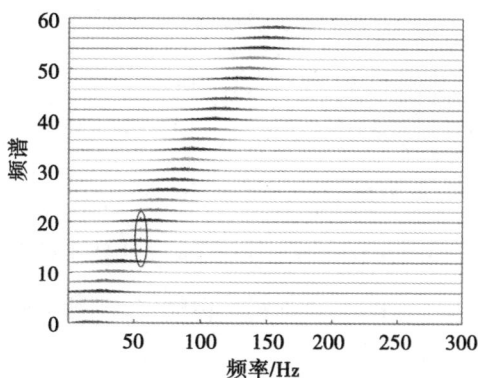

(b) Gammatone 滤波器组输出频谱

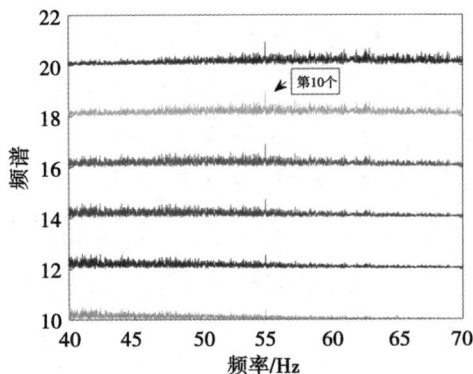

（c）Gammatone 滤波器组输出频谱放大图

图 4.29　利用 FFT 方法得到的频谱与 Gammatone 滤波器组输出频谱对比结果

图 4.30 为仿真得到的不同信噪比下利用 FFT 方法得到的频谱与第 10 个 Gammatone 滤波器输出频谱的输出信噪比对比结果。线谱信号频率为 55 Hz。所采用的试验是蒙特卡罗试验，蒙特卡罗试验次数为 500 次。

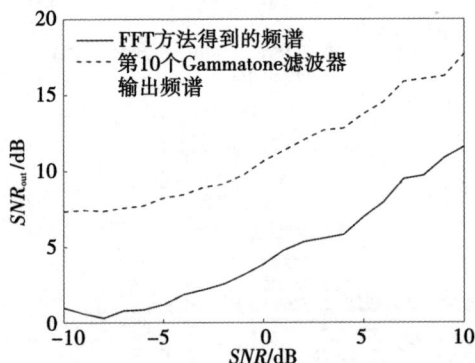

图 4.30　输出信噪比对比结果

从图 4.30 中可以看到，第 10 个 Gammatone 滤波器的输出频谱的输出信噪比明显高于利用 FFT 方法得到的频谱的输出信噪比，且随着输入信噪比的增大而增大。

由以上分析可知，Gammatone 滤波器组可以用于舰船目标线谱信号的检测和提取，相比传统线谱提取方法具有较高的输出信噪比。

4.5.1.2　Mel 滤波器组

根据 Mel 滤波器组的幅频响应具有严格带限的特点,将浅海舰船目标信号分段求功率谱,将每段功率谱输入 Mel 滤波器组进行滤波,以提取信号的线谱特征。图 4.31 为实测舰船目标信号的线谱提取结果。其中,图 4.31(a)为实测舰船目标信号的 LOFAR 图,图 4.31(b)为实测舰船目标信号的 Mel 滤波器组滤波结果,图 4.31(c)为 256 Hz 线谱信号的频率、幅值随时间的变化情况,图 4.31(d)为 256 Hz 线谱信号经 Mel 滤波器滤波后频率、幅值的变化情况。

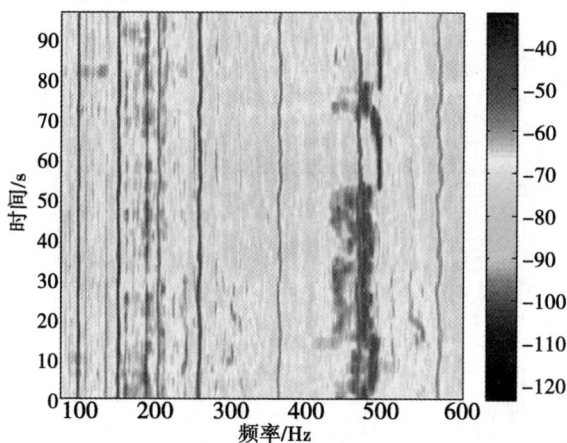

(a)LOFAR 图

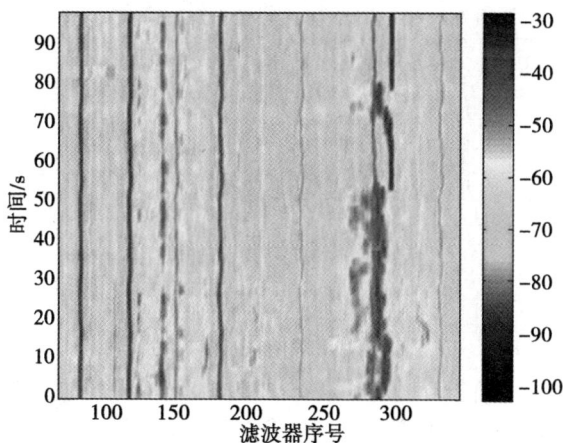

(b)Mel 滤波器组滤波结果

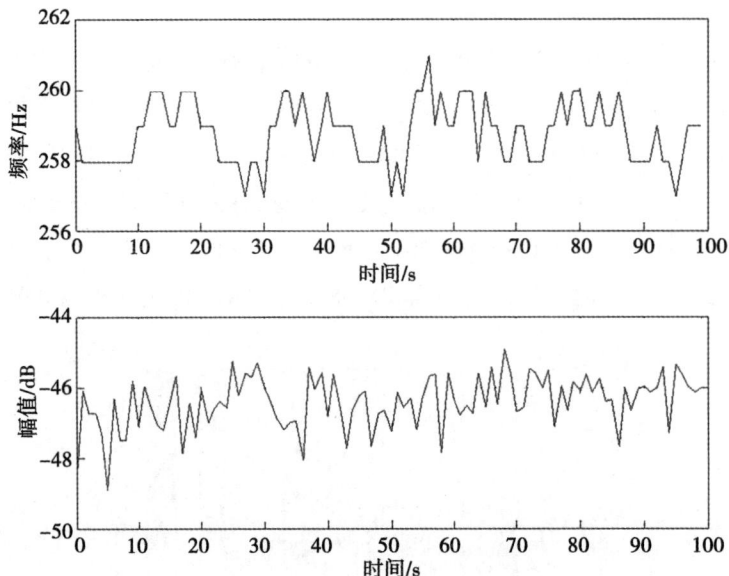

（c）256 Hz 线谱信号的频率、幅值随时间的变化情况

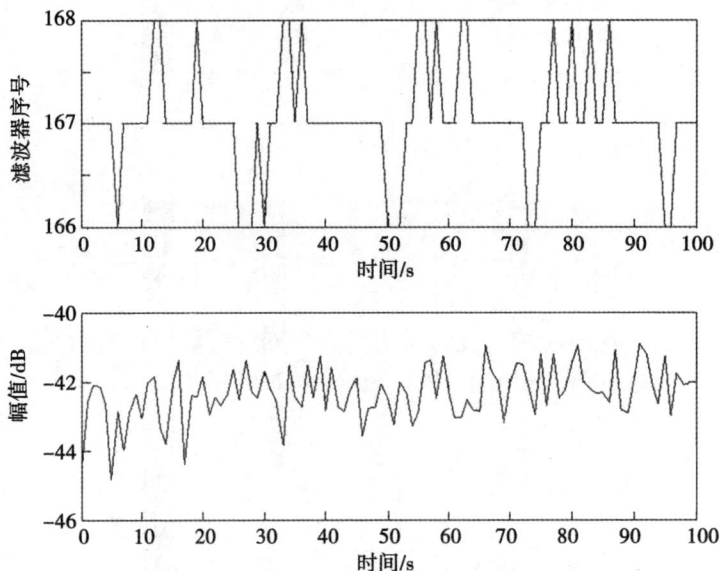

（d）256 Hz 线谱信号经 Mel 滤波器滤波后频率所对应的滤波器序号、幅值随时间的变化情况

图 4.31　实测舰船目标信号的线谱提取结果

从图 4.31（a）中可以看到，实测舰船目标信号 LOFAR 图中的线谱有频率漂移现象，这是因为舰船在航行时存在多普勒现象。而与图 4.31（b）对比可知，

经过 Mel 滤波器组滤波后线谱频率漂移现象减弱，这是因为线谱的能量被集中在 Mel 滤波器中。

从图 4.31(c) 和图 4.31(d) 中可以清楚地看到，在 LOFAR 图中，256 Hz 线谱的频率在 256~262 Hz 存在能量分布，线谱频率变化方差为 0.77；而经过 Mel 滤波器组滤波后，256 Hz 线谱只在序号为 166, 167, 168 三个滤波器之间存在能量分布，频率变化方差为 0.27，小于线谱频率变化方差；Mel 滤波器滤波前后的幅值方差基本相同。

由以上分析可知，通过 Mel 滤波器组滤波后，信号的频偏减小，噪声也得到了一定程度上的抑制，可以利用 Mel 滤波器组对线谱信号进行特征提取。

4.5.2　等带宽三角形滤波器倒谱系数特征

本节仿照 Mel 滤波器组对浅海舰船目标信号进行特征提取。由本书 2.5 节中 Mel 滤波器组的幅频响应可知，Mel 滤波器组中各个滤波器的带宽不是等带宽的，这会影响对信号不同频率成分的提取，因此提出等带宽三角形滤波器倒谱系数特征。该特征提取步骤如图 4.32 所示。

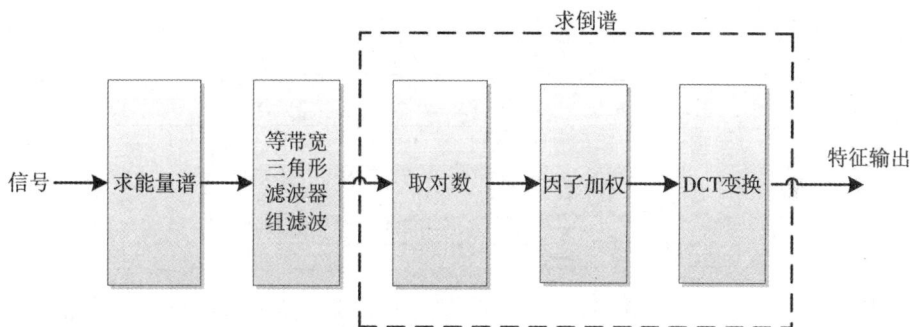

图 4.32　等带宽三角形滤波器倒谱系数提取步骤

（1）求能量谱

对信号进行快速傅里叶变换以得到信号的频谱，对频谱取平方，得到信号的能量谱 $p(k)$，k 为频率单元。

（2）等带宽三角形滤波器组滤波

将能量谱 $p(k)$ 输入等带宽三角形滤波器组进行滤波，公式如下：

$$E'(m) = \left[\sum_{k=0}^{N-1} (p(k) \cdot H_m(k)) \right]^{\lambda_m}, \ m = 1, 2, \cdots, M \qquad (4.13)$$

式中，$H_m(k)$ 为等带宽三角形滤波器组的幅频响应函数，m 为滤波器的序号；N 为频率单元总数；λ_m 为第 m 个滤波器所对应的指数系数。

等三角形滤波器组构造和指数系数选取方法如下：

根据第 2 章中的式(2.47)构造等带宽三角形滤波器组。等带宽三角形滤波器组中，各滤波器之间上、下截止频率的对应关系式如下：

$$f_{h_{m-1}} - f_{l_{m-1}} = f_{h_m} - f_{l_m} \tag{4.14}$$

由于指数压缩有较好的抗噪声能力，采用文献[133]中的指数系数对该滤波器组的输出信号进行指数压缩。

(3)求倒谱

对输出的能量谱求倒谱(取对数，因子加权，DCT 变换)，具体步骤如下。

①取对数。对输出频谱取对数，公式如下：

$$E''(m) = \log_{10}[E'(m)], \quad m = 1, 2, \cdots, M \tag{4.15}$$

②因子加权。为提升各滤波器输出能量之间的区分度，对式(4.15)加权，公式如下：

$$E'''(m) = \kappa(m) \cdot E''(m) \tag{4.16}$$

其中，

$$\kappa(m) = \frac{\lg[E'(m) + 1]}{\sum_{m=1}^{M} \lg[E'(m) + 1]} \tag{4.17}$$

③DCT 变换。进行 DCT 变换以使各系数之间的相关性变小，公式如下：

$$C(n) = \sum_{k=1}^{M} E'(m) \cos\left(\frac{\pi(k - 0.5)n}{M}\right) \tag{4.18}$$

式中，$n = 1, 2, \cdots, p$，其中，p 为等带宽三角形滤波器倒谱系数特征的维数。

4.5.3 实验结果与分析

由于 MFCC 是应用较广的听觉特征，下面对两类浅海舰船目标信号进行等带宽三角形滤波器倒谱系数特征提取及 MFCC 特征提取，并对识别率结果进行分析。第一类目标是摩托艇，第二类目标是渔船，接收装置为布放在近岸海底的 OBS。两类目标分别从距离约为 500 m 处远离地震传感器匀速行驶。三角形滤波器带宽取为 10 Hz，分类器采用 BP 神经网络对 MFCC 特征和等带宽三角形滤波器倒谱系数进行分类识别，输入层节点数为特征维数，特征维数取 20 维，输出层节点数为 2 个。样本长度取 1024 点，两类目标信号全部样本数各有 200

个。随机抽取全部样本的 1/2 作为训练集，其余样本作为测试集。在实验数据中加入高斯白噪声，原来舰船目标信号与加入高斯白噪声的功率比值分别为 30 dB、25 dB 和 20 dB。每类实验进行 100 次，每类目标的识别率和平均识别率计算方法与本书 4.4.2 节相同，这里不再赘述。

MFCC 特征的识别率结果如表 4.6 所列。

表 4.6　MFCC 特征的识别率结果

比值/dB	识别率		
	第一类目标识别率	第二类目标识别率	平均识别率
无噪	100.00%	83.50%	91.75%
30	99.79%	80.60%	90.20%
25	96.79%	74.30%	85.55%
20	90.45%	76.70%	83.58%

从表 4.6 中可以看出，第一类舰船目标信号的 MFCC 特征的识别率在 90% 以上，第二类舰船目标信号的 MFCC 特征的识别率在 80% 左右，可见 MFCC 特征对第二类目标信号的识别效果不好。随着原来目标信号与加入高斯白噪声的功率比值减小，两类舰船目标的平均识别率下降程度较大。

等带宽三角形滤波器倒谱系数特征的识别率结果如表 4.7 所列。

表 4.7　等带宽三角形滤波器倒谱系数特征识别率结果

比值/dB	识别率		
	第一类目标识别率	第二类目标识别率	平均识别率
无噪	100.00%	100.00%	100.00%
30	100.00%	100.00%	100.00%
25	98.45%	99.97%	99.84%
20	99.69%	100.00%	99.21%

从表 4.7 中可以看出，两类舰船目标信号的等带宽三角形滤波器倒谱系数特征的识别率均在 98% 以上。随着原来目标信号与加入高斯白噪声的功率比值减小，两类舰船目标的平均识别率下降程度较小。

对比表 4.6 和表 4.7 可知，等带宽三角形滤波器倒谱系数特征相比 MFCC 特征对两类舰船目标的识别效果更好，且受噪声的影响较小，鲁棒性更高。

◆◇ 4.6　本章小结

本章分析了舰船地震波信号的调制特性，对水声领域的听音移频处理进行了模拟，研究了舰船地震波包络调制信号移频处理的心理声学特征参数的变化规律；对舰船地震波包络调制信号进行了时变响度特征提取，并提出了节拍响度变化量特征；研究了听觉滤波器对舰船地震波线谱信号的提取性能，以及等带宽三角形滤波器倒谱系数特征。得到以下结论。

① 经过移频处理，响度级差值在 2000~5000 Hz 存在最大值；尖锐度随着移频频率和信号频率的升高而升高；波动度差值随着移频频率的增加呈波折下降趋势。在相同频率带宽内，信号频率成分越低，移频后听音检测效果得到改善的概率越大，且由于波动度差值呈波折下降趋势，移频频率不宜选择过高。所得出的结论可对舰船地震波听音移频处理提供参考依据。

② 响度时频图相比功率谱时频图可以更好地检测舰船地震波包络调制信号，而 Moore 时变响度时频图比 Zwicker 时变响度时频图能更准确地反映人的主观感受，并且 Moore 时变响度时频图比 Zwicker 时变响度时频图的时间分辨率更高，能量分布更加集中。

③ 当舰船地震波包络调制信号的载频相似而调制模式不同时，传统的稳态响度特征不利于对舰船地震波包络调制信号的识别，而节拍响度变化量特征可以很好地区分舰船地震波包络调制信号，识别率得到了一定的提高。由此可知，节拍响度变化量特征相比稳态响度特征更适用于对舰船地震波包络调制信号的识别。

④ 带宽三角形滤波器倒谱系数特征相比 MFCC 特征具有更好的抗噪性能，在不同信噪比下，识别率均有所提高。

⑤ 所获取的舰船地震波包络调制信号移频处理的心理声学特征参数的变化规律及所研究的舰船地震波听觉特征参数，为便于低频舰船地震波听音识别提供了新方法。

第 5 章 结 论

本书对舰船地震波的极化特性和调制特性进行了分析，对其在水面船只信号检测和听觉特征提取方面的应用进行了研究。本书针对的应用场景是通过海底或岸上的地震传感器来接收航船地震波信号，对海上交通状态进行监控。对于岸上地震传感器接收到的数据可以直接利用，对于海底地震传感器接收到的数据可以通过数据传输设备先传到岸上，再加以利用。

◆ 5.1 所做工作及结论

（1）舰船地震波信号极化特性分析与应用

本书对地震波线谱信号的极化特性进行了分析，研究了舰船地震波线谱信号的频域极化分析方法，对舰船地震波线谱信号的极化参数进行了选取。在此基础上，研究了线谱极化滤波算法。针对直接利用傅里叶变换的极化分析方法受分析点数制约及舰船地震波信号信噪比较低的问题，对四阶累积量极化分析方法和多重自相关极化分析方法进行了研究，并根据相应的极化分析方法，研究了线谱信号的四阶累积量极化滤波算法和多重自相关极化滤波算法。

本书通过研究发现，所提出的频域极化度参数可以较好地反映线谱信号和噪声的极化特性；对于四阶累积量极化分析方法，增大分析带宽可以使线谱信号频域极化度值减小，噪声频域极化度值减小而后趋于平稳；增加信号时长可以使线谱信号频域极化度值增大而后趋于平稳，噪声频域极化度值减小而后趋于平稳。而对于多重自相关极化分析方法，受自相关重数影响较大，可取 1~3 重自相关进行运算；多重自相关线谱信号频域极化度受分析带宽的影响不大，噪声频域极化度受分析带宽的影响较大，随着分析带宽增大，噪声频域极化度值减小；多重自相关频域极化度受信号时长的影响较大，随着信号时长的增加，线谱信号频域极化度值增大，噪声频域极化度值减小。

本书通过研究发现，相应的线谱极化滤波算法可以抑制背景环境噪声干扰，提取出线谱信号。在低信噪比下，本书所给出的四阶累积量联合极化滤波函数和多重自相关联合极化滤波函数使线谱所在频带内有较大的频域极化度值。

（2）舰船地震波信号调制特性分析与听觉特征提取

本书对舰船地震波信号调制特性进行了分析，研究了舰船地震波包络调制信号移频处理的心理声学特征参数变换规律和听觉特征提取方法。

本书通过研究发现，地震传感器可以接收到舰船辐射噪声的低频包络调制信号。经过移频处理，响度差值在 2000~5000 Hz 存在最大值；而尖锐度随着移频频率和信号频率的升高而升高；波动度差值随着移频频率的增加呈波折递减趋势。在相同频带内，信号频率成分越低，移频后听音检测效果得到改善的概率越大，且由于波动度呈波折下降趋势，因而移频频率不宜选择过高。

本书在对舰船地震波节拍响度变化量特征的研究中发现，节拍响度变化量特征是有效的，且相比稳态响度特征提高了对水面船只的识别能力。此外，在听觉滤波器对舰船地震波线谱信号的提取性能研究中发现，可以利用听觉滤波器检测和提取舰船地震波线谱信号，相比传统线谱提取方法，线谱信号的输出信噪比有所提高。最后，本书研究发现等带宽三角形滤波器倒谱系数特征在低信噪比下有较好的鲁棒性。

◆◇ 5.2 本书主要创新点

（1）提出了舰船地震波线谱信号极化特征谱加权的极化滤波算法

极化特性是独立于舰船地震波信号的幅度、相位和频率的又一重要特性，在水声领域相关研究工作较少。本书首先分析了舰船地震波线谱信号的极化特性，通过优化选取得到了适用于线谱信号的频域极化度参数，然后构造了基于频域极化度参数的极化滤波函数，通过对线谱信号极化特征谱加权，实现了线谱极化滤波算法；分析了极化滤波函数的影响因素，构造了四阶累积量联合极化滤波函数和多重自相关联合极化滤波函数。相应的四阶累积量极化滤波算法和多重自相关极化滤波算法克服了受分析点数制约及舰船地震波信号信噪比较低的问题。本书提出的舰船地震波线谱极化滤波算法可以抑制背景噪声干扰，提取出线谱信号，实现了强背景噪声干扰下的水面船只微弱信号检测，对被动声呐信号处理和水声目标远距离探测有较好的应用前景。

(2)获取了舰船地震波包络调制信号移频处理的心理声学特征参数变化规律

舰船地震波包络调制信号具有低频特性,低频声音对人的心理和生理会产生不利影响,不利于对水面船只进行听音识别。本书首次开展了舰船地震波包络调制信号移频处理的心理声学特征参数变化规律研究。首先对移频前后的舰船地震波包络调制声信号进行了响度、尖锐度和调制特性参数提取;然后统计了相应的心理声学特征参数随移频频率的变化规律,为通过听音方法探测水面船只提供了理论依据,为便于低频舰船地震波听音识别提供了新方法。

(3)提出了舰船地震波包络调制信号的节拍响度变化量特征提取算法

舰船地震波具有包络调制特性,在听音时体现为具有"节奏感",水声听音处理中往往根据这种"节奏感"的不同来识别水声目标。本书借鉴水声中的听音判型过程,首先研究了时变响度模型对于舰船地震波包络调制信号的适用性;其次建立了基于 Moore 时变响度模型的舰船地震波包络调制信号的节拍响度变化量特征提取算法,该算法用声音样本的瞬时响度的凸点时刻的特征响度均值减去凹点时刻的特征响度均值的结果作为描述舰船地震波包络调制信号音色的特征。节拍响度变化量特征相比稳态响度特征更适用于对舰船地震波包络调制信号的识别,识别率得到了一定的提高,也为便于低频舰船地震波听音识别提供了新方法。

◆◇ 5.3 未来研究方向

舰船地震波作为一种新型的物理场,对水声目标远距离探测来说具有重要的研究价值。依据现有的研究基础,未来的研究工作拟在以下四方面展开:

① 对宽频舰船地震波的线谱进行极化滤波分析;

② 本书只给出了移频处理的心理声学参数变化规律,并未给出主观评价结果,利用何种心理声学参数和方法进行移频处理主观评价,是日后需要研究的问题;

③ 在语音领域,听觉特征提取方法有很多,如何将语音领域的听觉特征提取方法与舰船地震波信号相结合,从而进一步提高对水声目标的识别性能是今后研究的工作之一;

④ 由于条件所限,目前多目标、不同工况下的舰船地震波数据缺乏,拟于今后进一步丰富实验检验。

参考文献

［1］ 张林.噪声及其控制［M］.哈尔滨：哈尔滨工程大学出版社，2002.

［2］ 戈尔季延科.声矢量-相位技术［M］.贾志富，译.北京：国防工业出版社，2014.

［3］ BRAC J ROYAN.Method for determining the geometry of a multisource seismic wave emission device［J］.Deep sea research part B：oceanographic literature review，1990，37（4）：388.

［4］ KUZIN I P，FLENOV A B.Determination of two-dimensional velocity structure of Benioff zone based on inversion of body wave travel time（case study of central Kamchatka）［J］.Oceanology，2016，56（4）：578-590.

［5］ SORRELLS G G.A preliminary investigation into the relationship between long-period seismic noise and local fluctuations in the atmospheric pressure field［J］.Geophysical journal international，1971，26（1/2/3/4）：71-82.

［6］ O'BRIEN G S.Elastic lattice modeling of seismic waves including a free surface［J］.Computers and geosciences，2014，67（6）：117-124.

［7］ 陈云飞，吕俊军，于汎.航行舰船地震波及其在水中目标探测中的应用［J］.舰船科学技术，2005，27（3）：62-66.

［8］ 卢再华，张志宏，顾建农.浅海低频点声源作用下海底地震波的数值模拟［J］.武汉理工大学学报（交通科学与工程版），2007，32（4）：607-610.

［9］ 卢再华，张志宏，顾建农.舰船海底地震波形成机理的理论分析［J］.应用力学学报，2007，24（1）：54-58.

［10］ 张海刚.浅海甚低频声传播建模与规律研究［D］.哈尔滨：哈尔滨工程大学，2010.

［11］ 李响，颜冰，周穗华.基于直达波与地声界面波时延的目标定位方法［J］.

探测与控制学报，2010，32（6）：50-53.

[12] 吴强.舰船地震波特性及传播规律研究[D].沈阳：沈阳理工大学，2018.

[13] 孟路稳，程广利，陈亚男，等.舰船地震波传播机理及其在水雷引信中的应用研究[J].兵工学报，2017,38（2）：319-325.

[14] 董立，张健，郭策安，等.地震波引信设计方案的探讨[J].探测与控制学报，2008,30（5）：4-6.

[15] 颜冰，郭虎生，李响，等.基于单地震波传感器的运动目标参数估计方法[J].海军工程大学学报，2012,24（3）：66-70.

[16] 李响，白正勤，刘旭东.基于三轴地震波传感器的舰船被动定位方法[J].探测与控制学报，2014，36（4）：36-39.

[17] 卢再华，张志宏，顾建农.低频声源海底地震波的时域合成波形分析[J].上海交通大学学报，2014，48（1）：50-55.

[18] CHEN J F, LV J J, CUI P, et al.Signal process method research about multi-component seismic wave induced by moving ship[C]//2016 IEEE/OES China Ocean Acoustics（COA），2016：1-4.

[19] 张自圃.海底地震波在舰船目标识别中的算法研究[D].沈阳：沈阳理工大学，2018.

[20] 张自圃，李环，邵雨新，等.海底地震波在水中目标识别的方法研究[J].沈阳理工大学学报，2017，36（3）：38-43.

[21] 胡广书.数字信号处理：理论、算法与实现[M].2版.北京：清华大学出版社，2003.

[22] KAY S M.Modern secal etiaion[M].Englewood Ciffs：Prentice Hall，1987.

[23] MARPLE S L. Digital spectral analysis with applications [M]. Englewood Cliffs, NJ：Prentice Hall，1987.

[24] BURG J P.Maximum entropy spectral analysis[C]//Proceedings of 37th Annual International Meeting, Society of Exploration Geophysics, Oklahoma City, OK, USA, 1967：10-33.

[25] 张贤达.现代信号处理[M].北京：清华大学出版社，1995.

[26] CANDES E J, ROMBERG J, TOA T.Robust uncertainty principles：exact signal reconstruction from highly incomplete frequency information[J].IEEE

trans actions on infornation theory, 2006, 52(2): 489-509.

[27] DONOHO D L.Compressed sensing[J].IEEE transactions on information theory, 2006: 52(4): 1289-1306.

[28] JUN F, WANG F Y, SHEN Y N, et al.Super-resolution compressive sensing for line spectral estimation: an iterative reweighted approach[J].IEEE transactions on signal process, 2016, 64(18): 4649-4662.

[29] MO D, DUARTE M F.Compressive line spectrum estimation with clustering and interpolation[J].2016 Annual Conference on Information Science and Systems(CISS), 2016: 572-577.

[30] DING S S, TONG N N, ZHANG Y S, et al.Super-resolution 3D imaging in MIMO radar using spectrum estimation theory[J].IET radar sonar and navigation, 2017, 11(2): 304-312.

[31] RICKARD J T, ZEIDLER J R.Second-order output statistics of the adaptive line enhancer[J].IEEE transactions acoustics, on speech, and signal proessing, 1979, 27(1): 31-39.

[32] 侯宝春, 惠俊英, 蔡平.用相干累加算法改进 ALE 的性能[J].声学学报, 1991(1): 25-30.

[33] 刘辉涛, 丛卫华, 潘翔.窄带弱信号的线谱检测: 相干累加频域批处理自适应线谱增强方法[J].浙江大学学报(工学版), 2007, 41(12): 2048-2051.

[34] 罗斌, 王茂法, 王世闯.一种高效的弱目标线谱检测算法[J].声学技术, 2017, 36(2): 171-176.

[35] 刘宏, 蔡平, 惠俊英.自适应脉冲序列增强及相关联合处理器仿真研究[J].声学学报, 1998, 23(5): 422-429.

[36] 王彦, 马章勇, 黄建人.一种采用两个相干累加器提高自适应谱线增强器性能的方法[J].声学技术, 2003, 22(1): 8-10.

[37] 杨西林, 周金, 王炳和, 等.自适应谱线增强在舰船辐射噪声线谱检测中的应用[J].舰船科学技术, 2009, 31(3): 93-95.

[38] 何希盈, 李成新, 张磊, 等.矢量水听器自适应线谱增强应用研究[J].海洋技术, 2011, 30(3): 68-71.

[39] 张贤达.时间序列分析：高阶统计量方法[M].北京：清华大学出版社，1996.

[40] BRILLAGER D R.An introduction to polyspectra[J].The annals of mathematical statistics，1965，36(5)：1351-1374.

[41] AKAIKO H.Note on higher order spectra[J].Annals of the iastitate of statistics mathematics，1996，18(1)：123-126.

[42] ANDERSON J M M，GIANNAKIS G B，SWAMI A.Harmonic retrieval using higher order statistics：a deterministic formulation[J].IEEE transactions on signal processing，1995，43(8)：1880-1889.

[43] 郭业才.基于高阶统计量的水下目标动态谱特征增强研究[D].西安：西北工业大学，2003.

[44] 胡友峰，焦秉立.高阶谱双通道的水声信号检测方法研究[J].声学技术，2005，24(2)：65-69.

[45] 包中华，龚沈光，吴正国，等.基于四阶累积量切片谱的谐波信号线谱提取[J].海军工程大学学报，2010，22(2)：31-34.

[46] ABEL J S，LEE H J，LOWELL A P.An image processing approach to frequency tracking[C]//Proceedings of the IEEE International Conference on Acoustics，Speech and Signal Processing，1992：561-564.

[47] MARTINO J C，HATON J P，LAPORT A.Lofargram line tracking by multistage decision process[J].IEEE，1993(1)：317-320.

[48] JAUFFERET C，BOUCHET D.Frequency line tracking on a lofargram：an efficient wedding between probabilistic data association modelling and dynamic programming technique [C]//Signals，Systems and Computers，1996. Conference Record of the Thirtieth Asilomar Conference on Vol.1，1997：486-490.

[49] CHEN C H，LEE J D，LIN M C.Classification of underwater signals using neural networks[J].Tamkang journal of science and engineering，2000，3(1)：31-48.

[50] GILLESPIE D.Detection and classification of right whale calls using an edge detector operating on a smoothed spectrogram[J].Canadian acoustics，2004，

32(2)：39-47.

[51] 陶笃纯.舰船噪声节奏的研究（Ⅱ）：自相关函数及节奏信息的提取[J].声学学报，1983，8(5)：280-289.

[52] NIELSON R O.Sonar signal processing[M].Boston：Artech House，1991.

[53] KUMMERT A.Fuzzy technology implemented in sonar system[J].IEEE journal of oceanic engineering，1993，18(4)：483-490.

[54] LOURENS J G，DU PRCEZ J A.Passive sonar ML estimator for ship propeller speed[J].IEEE journal of oceanic engineering，1998，23(4)：448-453.

[55] 姚爱红，惠俊英.单矢量传感器 DEMON 谱检测技术研究[J].声学技术，2006，25(1)：66-70.

[56] 程玉胜，王易川，史广智，等.基于现代信号处理技术的舰船噪声信号 DEMON 分析[J].声学技术，2006，25(1)：71-74.

[57] 胡桥，郝保安，吕林夏，等.基于集成 EMD 和 DEMON 谱的辐射噪声特征提取研究[J].振动与冲击，2008，27(S)：49-51.

[58] 骆国强，尚金涛，杨柳.一种时频综合的 DEMON 谱融合方法[J].声学技术，2016，35(4)：487-489.

[59] 许劲峰，郑威，卢洪瑞，等.基于 1(1/2) 维谱的舰船辐射噪声调制特征信息提取[J].声学技术，2017，36(4)：119-122.

[60] TEOLIS A，SHAMMA S.Classification of the transient signals via auditory representations[J].Technical research report，1991，17(2)：44-50.

[61] PARKS T W，WEISBURN B A.Classification of whale and ice sounds with a cochlear model[J].IEEE international conference on acoustics，1992，2：481-484.

[62] 谢骏，胡均川，笪良龙，等.基于耳蜗模型的舰船噪声谱分析[J].传感器与微系统，2009，28(5)：43-45.

[63] 马元锋，陈克安，王云山，等.自适应听觉感知时频分析模型[J].声学学报，2010，35(4)：393-402.

[64] 王磊，彭圆，林正青，等.听觉外周计算模型在水中目标分类识别中的应用[J].电子学报，2012，40(1)：199-203.

[65] 林正青，邱梦然.水中目标窄带噪声识别的听觉外周模型[J].声学学报，

2016, 41(6)：881-890.

[66] 王娜, 陈克安.心理声学参数提取及其在目标识别中的应用[J].计算机仿真, 2008, 25(11)：21-24.

[67] 王娜.基于人耳主观反应的听觉特征量及其在目标识别中的应用[D].西安：西北工业大学, 2006.

[68] 柳革命, 杨益新.目标噪声响度特征提取技术研究[J].声学技术, 2011, 30(4)：336-339.

[69] 吴姚振, 杨益新.水下目标识别的听觉特性响度模型研究[J].声学技术, 2011, 30(3)：165-167.

[70] 曹红丽, 方世良.舰船辐射噪声的响度和音色特征模型[J].东南大学学报(自然科学版), 2013, 43(2)：241-246.

[71] 阳雄, 程玉胜.短时能量分析及人耳的主观听觉在船舶辐射噪声特征提取中的研究[J].声学技术, 2004, 23(1)：11-13.

[72] 刘鹏, 刘孟庵.舰船辐射噪声节拍音色特征研究[J].声学与电子工程, 2007(2)：4-7.

[73] 高鑫, 王易川.舰船辐射噪声节拍功率增率特征提取[J].传感器与微系统, 2011, 30(6)：8-10.

[74] 王焕荣, 陈克安.与音色相关的水下目标特征提取与选择[J].电声技术, 2011, 35(3)：32-36.

[75] 杨阳.基于音色参量的声纳回波特征提取及分类[D].哈尔滨：哈尔滨工程大学, 2012.

[76] 陆振波, 章新华, 朱进.基于 MFCC 的舰船辐射噪声特征提取[J].舰船科学技术, 2004, 26(2)：51-54.

[77] 黄凡, 史秋亮, 韩树平.MFCC 在被动声呐航迹关联中的应用[J].声学技术, 2007, 26(5)：27-28.

[78] LIM T, BAE K, HWANG C, et al.Underwater transient signal classification using binary pattern image of mfcc and neural network[J].IEICE transactions on fundamentals of electronics, communications and computer sciences, 2008, E91-A(3)：772-774.

[79] TOLBA H, ELGERZAWY A.Comparative experiments to evaluate a chmm-

based identification approach to naval targets［C］// 2009 16th International Conference on Systems，Signals and Image Processing（IWS SIP 2009），2009：1-4.

［80］ 聂东虎，乔钢，朱知萌，等.水下蛙人主被动探测实验研究［J］.声学技术，2015,34(4)：300-305.

［81］ 江向东.抗频移声谱特征提取及目标分类应用研究［J］.声学技术，2018，37(3)：227-231.

［82］ 王二庆，王华奎.船舶噪声合成与听觉感知分析［J］.电声技术，2014，38(3)：65-69.

［83］ Acoustics-normal equal-loudness level contours：ISO226［S］. International Standardization Organization，2003.

［84］ 庄钊文，肖顺平，王雪松.雷达极化信息处理及其应用［M］.北京：国防工业出版社，1999.

［85］ 龙槐生，张仲先，谈恒英.光的偏振及其应用［M］.北京：机械工业出版社，1989.

［86］ 杨力铭.基于偏振成像的目标增强技术研究［D］.西安：西安工业大学，2018.

［87］ SCHECHNER Y Y，NARASIMHAN S G，NAYAR S K.Instant dehazing of images using Polarization［C］// 2001 IEEE Computer Society Comference on Computer Vision and Pattern Recognition（CVPR'01），vol.1，2001：325-332.

［88］ SCHECHNER Y Y，NARASIMHAN S G，NAYAR S K.Polarization-based vision through haze［J］.Applied optics，2003，42(3)：511-525.

［89］ SCHECHNER Y Y，NAYAR S K.Generalized mosaicing：polarization panorama［J］.IEEE transaction pattern analysis and machine intelligence，2005，27(4)：631-636.

［90］ SEHECHNER Y Y，KARPEL N.Recovery of underwater visibility and structure by polarization analysis［J］.IEEE journal of oceanic engineering，2005，30(3)：570-587.

［91］ 冯斌，史泽林，艾锐，等.偏振滤波抑制大气背景光的性能计算模型［J］.

光学学报, 2011, 31(4): 21-30.

[92] MARS J I, PAULUS C.Vector-sensor array processing for polarization parameters and DOA estimation[J].Journal on advances in signal processing, 2010(9): 1-13.

[93] VU D T, KORSO M N E, BOYER R, et al.Angular resolution limit for vector-sensor array: detection and information theory approaches[C]//2011 IEEE Statistical Signal Processing Workshop, 2011: 9-12.

[94] 戴幻尧, 李永祯, 王雪松, 等.基于和差波束极化特性的目标极化散射矩阵测量方法研究[J].电子与信息学报, 2010, 32(4): 913-918.

[95] 刘勇, 李永祯, 戴幻尧, 等.基于极化二元阵雷达的空域虚拟极化滤波算法[J].电子与信息学报, 2010, 32(11): 2746-2750.

[96] 王克让, 朱晓华, 何劲.基于矢量传感器 MIMO 雷达的 DOD DOA 和极化联合估计算法[J].电子与信息学报, 2012, 34(1): 160-165.

[97] LIU A, MAO X, DENG W.Oblique projection polarization filtering for interference suppression in high frequency surface wave radar[J].IET radar and navigation, 2012, 6(2): 71-80.

[98] KOVAC J M, LEITCH E M, PRYKE C, et al.Detection of polarization in the cosmic microwave background using DASI[J].Nature, 2002, 420(6917): 772-787.

[99] 赵春雷, 王亚梁, 阳云龙, 等.雷达极化信息获取及极化信号处理技术研究综述[J].雷达学报, 2016, 5(6): 620-638.

[100] POELMAN A J, GUY J R F.Multinotch logic-product polarization suppression filters: a typical design example and its performance in a rain clutter environment[J].IEE proceedings-F rader and signal processing, 1984, 131(4): 383-396.

[101] GUILI D, FOSSI M, ARDELLI M G.A technique for adaptive polarization filtering in radars[J].Proceedings of IEEE international radar conference arlington, 1985: 213-219.

[102] PARK H R, LI J, WANG H.Polarization-space-time domain generalized likelihood ratio detection of radar targets[J].Signal processing, 1995, 41

（2）：153-164.

[103] PARK H R, WANG H.Adaptive polarization-space-time domain radar target detection in inhomogeneous clutter environments [J]. Radar, sonar and navigation,IEE proceedings, 2006, 153(1)：35-43.

[104] 张国毅, 刘永坦.高频地波雷达多干扰的极化抑制[J].电子学报, 2001 (9)：1206-1209.

[105] 张国毅.高频地波雷达极化抗干扰技术的研究[D].哈尔滨：哈尔滨工业大学, 2002.

[106] SHOWMAN G A, MELVIN W L, BELENKII M.Performance evaluation of two polarimetric STAP architectures [C] // Proceedings of the 2003 IEEE Rader Conference, 2003：59-65.

[107] 宋立众, 乔晓林.一种极化 MIMO 雷达导引头关键技术研究[J].北京理工大学学报, 2013, 33 (6)：644-649.

[108] FLINN E A.Signal analysis using rectilinearity and direction of particle motion [J].Proceedings of the IEEE, 1965, 53(12)：1874-1876.

[109] SAMSON J C.Pure states, polarized waves, and principal components in the spectra of multiple, geophysical time-series[J].Geophysical journal of the royal astronomical society, 1983, 72(3)：647-664.

[110] ANDERSON S, NEHORAI A.Analysis of a polarized seismic wave model [J].IEEE transactions on signal processing, 1996,44(2)：379-386.

[111] DE FRANCO R, MUSACCHIO G.Polarization filter with singular value decomposition[J].Geophysics, 2001, 66(3)：932-938.

[112] KULESH M A, DIALLO M S, HOLSCHNEIDER M.Wavelet analysis of ellipticity, dispersion, and dissipation properties of Rayleigh waves[J]. Acoustical physics, 2005, 51(4)：425-434.

[113] AURIA L D, GIUDICEPICTRO F, MARTINI M, et al.Polarization analysis in the discrete wavelet domain：an application to volcano seismology [J]. Bulletin of the seismological society of America, 2010, 100(2)：670-683.

[114] 宋维琪, 吕世超, 郭晓中, 等.提高微地震资料信噪比的频率域极化滤波[J].石油物探, 2011, 50(4)：361-366.

[115]　马见青, 李庆春.提高台站地震资料信噪比的自适应极化滤波[J].地震工程学报, 2014, 36(2): 398-404.

[116]　RAUCH D.Seismic interface waves in coastal waters: a review[M].La Spezia: SACLANT ASW Research Centre, 1980.

[117]　刘伟.基于模型的声矢量传感器信号 DOA 估计方法研究[D].哈尔滨: 哈尔滨工程大学, 2014.

[118]　DU B, ZHANG W, SHI X.The research of polarization filtering method for increasing the signal-to-noise ratio of seismic data caused by moving ship [J].Ocean Acoustices, IEEE, 2016: 1-3.

[119]　郑恩明, 余华兵, 陈新华, 等.一种基于瞬时相位方差加权的线谱检测器[J].电子与信息学报, 2015, 37(7): 1763-1768.

[120]　钱晓南.舰船螺旋桨噪声[J].海洋工程装备与技术, 2015, 2(2): 123.

[121]　鄢社锋, 马远良, 倪晋平, 等.特定频率响应 FIR 滤波器的设计及其在水声中的应用[J].应用声学, 2003(2): 30-34.

[122]　加尔彼林.地震勘探偏振法[M].何樵登, 杨宝俊, 译.北京: 石油工业出版社, 1989.

[123]　李响, 颜冰.舰船地震波场实时检测系统的实验研究[J].噪声与振动控制, 2010, 30(6): 123-126.

[124]　马见青, 李庆春, 王美丁.多分量地震极化分析评述[J].地球物理学进展, 2011, 26(3): 992-1003.

[125]　鲁运明.水雷引信的地震波探测技术研究[D].沈阳: 沈阳理工大学, 2014.

[126]　History and description of loudness models: loudness toolbox for matlab[S]. GENESIS S.A.2009.

[127]　ZWICKER E, FASTL H.Psychoacoustics facts and models[M].Heidelberg: Spring-Verlag, 1999.

[128]　陈世雄, 宫琴, 金慧君.用 Gammatone 滤波器组仿真人耳基底膜的特性[J].清华大学学报(自然科学版), 2008, 48(6): 1044-1048.

[129]　QU B D, LI J B, XU B G.Speech recognition based on two-dimensional PMCC robust feature parameter[J].Journal of computer applications, 2007,

27(10)：2547-2548.

[130]　葛勇，韩立国，韩文明，等.极化分析研究及其在波场分离中的应用
[J].长春地质学院学报，1996，26(1)：83-89.

[131]　李锐，何辅云，夏玉宝.相关检测原理及其应用[J].合肥工业大学学报
（自然科学版），2008，31(4)：573-575，579.

[132]　李一兵，岳欣，杨莘元.多重自相关函数在微弱正弦信号检测中的应用
[J].哈尔滨工程大学学报，2004，25(4)：525-528.

[133]　陈明奎，刘正平.用多重自相关法检测微弱正弦信号[J].噪声与振动控
制，2006(5)：28-30，61.

[134]　DONALD D.Mechanics of underwater noise［M］.New York：Pergamon
Press，1976.